NEW
全新版

高等院校基础课系列教材·化学类

GAODENG YUANXIAO JICHUKE XILIE JIAOCAI · SHIYAN LEI

大学化学实验

主　编　牟元华　郑　超

副主编　柳　军　汤　琪

参　编　袁小亚　王孝华　饶晓蓓　严春蓉

重庆大学出版社

内容提要

本书根据化学化工专业或非化学化工专业的培养目标和教学大纲的要求，结合工程类专业特点和近年来化学实验教学改革的经验编写而成。全书分为 4 章及附录，第 1 章绪论；第 2 章化学实验基础知识和基本操作；第 3 章基本操作技能及化学原理实验；第 4 章综合实验及设计性实验。各实验项目相对独立，可根据实验教学内容的要求任意组合，内容涉及普通大学化学、无机化学及有机化学等多门课程。在实验项目设计上突出基础理论的运用，实验技能的训练以及化学综合能力的培养。

本书可作为高等院校的化学实验课教材，供化学专业以及材料、环境、给排水、土木、水利、港航、地质、机械、电气、航运、车辆等非化学化工专业的学生使用，也可作为相关领域科研人员的参考用书。

图书在版编目（CIP）数据

大学化学实验 / 牟元华，郑超主编. -- 重庆 : 重庆大学出版社，2024. 8. -- ISBN 978-7-5689-4722-0

Ⅰ. O6-3

中国国家版本馆 CIP 数据核字第 2024FH7054 号

大学化学实验

DAXUE HUAXUE SHIYAN

主　编　牟元华　郑　超

副主编　柳　军　汤　琪

参　编　袁小亚　王孝华

饶晓蓓　严春蓉

策划编辑：鲁　黎

责任编辑：陈　力　　版式设计：鲁　黎

责任校对：刘志刚　　责任印制：张　策

*

重庆大学出版社出版发行

出版人：陈晓阳

社址：重庆市沙坪坝区大学城西路 21 号

邮编：401331

电话：(023)88617190　88617185(中小学)

传真：(023)88617186　88617166

网址：http://www.cqup.com.cn

邮箱：fxk@cqup.com.cn（营销中心）

全国新华书店经销

重庆市国丰印务有限责任公司印刷

*

开本：787mm×1092mm　1/16　印张：8.75　字数：221 千

2024 年 8 月第 1 版　2024 年 8 月第 1 次印刷

ISBN 978-7-5689-4722-0　定价：38.00 元

前言

"大学化学实验"是大学化学课程的实验部分,与理论课程相辅相成,帮助同学们加深对化学原理与化学反应参数的理解,如焓变、平衡常数、电极电势等。在理论课中同学们主要是通过查表或相关公式的计算获得相关数值,而在实验课中同学们会通过实验测量相关数据。

本书根据新工科教育的特点和培养模式转变以及教学方法改革的需求,以训练学生基本操作技能和培养学生素质能力为目标,同时加强与社会实践的紧密结合。本书的编写突出了以下特点:

1. 强化基本技能训练,注重培养学生的动手能力

本书改革了传统的化学实验教学体系,在内容上进行了重新组合,以基本知识和基本技能训练为主,整个编排由易到难,循序渐进,全面提高。每个实验既紧密结合生产实践,又进一步强化基本技能训练。结合专业和社会的需求,本书选编了与生产实践密切结合、实用性强、操作较简单的实验项目,规范实验操作内容,增加实验的可操作性。

2. 提倡绿色化学实验

在本书的编写过程中,尽量选编毒性小、对环境污染少的实验,避免或降低化学物质对人类和环境带来的危害。

3. 提高学生的综合设计能力

第 4 章为综合实验及设计性实验,以提高学生的分析问题、解决问题的能力。对于综合实验和设计性实验,在编排上突出化学知识的交叉和学生自主创新能力的开发,并提供相关文献或实验提示供学生预习时借鉴。实验内容力求反映当前化学实验教学的新成果,涉及范围包括大学化学、无机化学及分析化学等多个科目。

4. 注重融合信息技术

在实验基本知识、基本操作、数据处理和基础实验部分嵌入了数字资源,借助互联网技术实现教材的信息化、立体化,使学生可以随时随地进行学习,从而实现学习时空的延伸,在带给师生全新体验的同时,也使非化学化工类专业高等化学教育迈上新台阶。

本书由牟元华、郑超担任主编，柳军、汤琪担任副主编，袁小亚、王孝华、饶晓蓓、严春蓉参编。全书由牟元华统稿和定稿。本书是重庆交通大学化学教学部全体老师和实验技术人员集体智慧的结晶，感谢马育老师和所有参与大学化学实验教学的老师对本书编写提出的宝贵意见和建议。同时也借鉴了许多兄弟院校的宝贵经验。在此一并致以衷心感谢。

本书在编写和出版工作中得到了重庆交通大学教务处的大力支持，对此我们表示衷心的感谢。限于编者水平，书中难免存在疏漏之处，敬请读者批评指正。

编　者

2024 年 1 月

目录

第 1 章
绪论

1.1 大学化学实验目的

化学是一门以实践为基础的学科，化学实验是化学教学中不可缺少的重要组成部分。在全面推进素质教育的形势下，化学实验作为高等理工科院校化学、化工、材料等专业的主要基础课程，在培养未来科技人才的大学教育中占据着特别重要的地位。通过实验教学过程，要达到以下目的：

①通过观察实验事实，完成从感性认识向理性认识的过渡，加深对化学理论课中的基本原理和基本知识的理解和掌握，培养从化学实验实践中获取新知识的能力。

②对学生进行科学实验方法的基本训练，使学生能正确掌握化学实验的基本操作、技术和技能，以及正确使用基本实验仪器，培养学生独立工作和独立思考的能力。同时，引导学生细致观察和记录实验现象，归纳和整合所学知识，正确处理数据和分析问题，并以文字表达实验结果。以进一步提升学生组织实验、科学研究和创新的能力。

③培养学生实事求是的科学态度，培养严谨、细致、准确、整洁等良好科学习惯、科学精神以及科学的思维方法，培养敬业、一丝不苟和团队协作的工作精神，养成良好的实验室工作习惯，为今后的工作奠定良好的基础。

④使学生了解实验室工作的有关知识，如实验室的各项规则，实验室工作的基本程序，实验室试剂、物资和仪器的管理，实验可能发生的一般事故及其处理方式，实验室“三废”的一般处理方法等。

⑤培养学生在阅读实验教材、掌握实验技术与仪器使用方法等方面的自学能力。通过实验演示培养学生观察现象及领悟问题的能力，通过文献资料的查询培养学生获取知识的能力。

总之，经过本课程的学习和严格的实验训练，使学生具有一定的分析和解决较复杂问题的实践能力，收集和处理化学信息的能力，文字表达实验结果的能力以及团结协作的能力。

1.2 大学化学实验学习方法

本教材所选基础实验都较成熟,因而也较容易得出结果,但不应就此认为所有的实际问题都能如此顺利地解决。学生要多问自己几个为什么,去深入了解这些实验所蕴含的化学理论,掌握实验技术和技能,探索最合理的实验方案,使自己能在“知识”和“应用”之间架起一座“能力”之桥。简言之,基础化学实验的学习大致可分为实验预习、认真实验并做好实验记录、写出报告三大环节。

(1)实验预习

实验预习是化学实验的重要环节,对实验成功与否、收获大小起着关键作用。学生在进行实验前必须对所做实验进行认真全面的预习,以便对所做实验内容有全面的了解,做到心中有数,并按要求将预习结果写在实验记录本上。预习的主要内容有:实验目的、原理、反应式、所用仪器、药品性能、操作步骤、注意事项、实验进度、时间的有效利用、安全事项、问题等,有时需要根据实验内容从有关手册或参考书上查出有关试剂、原料、产物的物理常数。可事先写成预习报告,一目了然,并将其作为实验的直接指导,可做到心中有数。

(2)认真实验并做好实验记录

学生在老师指导下独立进行实验是训练学生正确掌握实验技术,培养独立工作、分析问题、解决问题能力的重要手段。学生实验时,原则上应按照实验教材上所提示的内容、步骤、方法、要求及药品用量进行实验,对设计性实验或者一般实验提出新的实验方案,应在与指导老师讨论、修改和定稿后方可进行实验。并要求做到如下4点:

①认真操作,细心观察,及时如实、详细且准确地将观察到的实验现象和数据记录在记录本上,不能随意记录在纸片上,更不能转移、涂改。原始记录须请指导老师检查、认可并签名,留作撰写实验报告的依据。

②如果发现实验现象和理论不符时,应首先尊重实验事实,然后认真分析和检查原因,并细心地重做实验。必要时可做对照实验、空白实验或自行设计的实验来进行核对,直到从中得出正确的结论。

③实验过程中既要动手又要动脑,要勤于思考,注意培养自己严谨的科学态度和实事求是的科学作风。有疑问时力争自己解决问题。若遇到疑难问题或异常现象而自己难以解释时,可以相互轻声讨论或询问指导老师。

④实验过程中应保持肃静,严格遵守实验室工作规则;实验结束后,应洗净仪器,整理药品,整理实验台面,清扫实验室,检查水、电、气开关,关闭门窗等。

实验记录是实验的原始材料,必须及时记录,做实验时随做随记,杜绝写“回忆录”。实验记录要真实可靠。实验记录须经指导老师签字。

(3)写出报告

实验操作完成后,必须根据自己的实验记录进行归纳总结,分析讨论,整理成文,并及时交指导老师审阅。实验报告的撰写应该做到:叙述简明扼要、文字通顺、条理清楚、字迹工整、图表清晰、结论明确。

实验报告的格式,不同类型的实验略有不同,但主要内容一般应包括实验名称、实验日期、实验目的、实验原理(简要说明或写出反应方程式等)、实验仪器和药品、实验步骤(尽量用简图或流程图、表格、化学式、符号等表示)、实验现象和数据的记录与处理、实验结果、问题和讨论等。应注意,实验现象要表述准确,数据记录要真实、完整,不能随意涂改或弄虚作假(数据记录附在实验报告后,供指导老师批阅实验报告时审核)。实验结果包括数据的处理和计算(可用列表或图形表达),并根据实验现象进行分析、解释后得出的结论等。

1.3　学生实验守则

学生实验时,必须遵守以下规则:

①实验前必须认真预习,掌握实验目的、原理、要求等。

②必须按规定的时间进行实验。因故不能做实验者,应向指导老师请假,所缺实验必须在指定的时间补做,否则不能参加理论课的考试。

③实验前要清点仪器,如果发现有破损或缺少,应立即报告老师,按规定手续到实验预备室补领。实验时仪器若有损坏,也应按规定手续到实验预备室换取新仪器。未经老师同意,不得拿用其他位置上的仪器。

④实验过程中要听从老师和实验工程技术人员的指导;要严格遵守各项规章制度,不准动用与本实验无关的其他仪器设备。

⑤实验时要有严肃认真的态度,应保持安静,思想集中,做到胆大心细,认真操作,仔细观察现象,如实记录结果,积极思考问题。

⑥实验时应保持实验室和桌面清洁整齐。火柴梗、废纸屑、废液等应投入相应的垃圾桶与废液桶中,严禁投入或倒入水槽内,以防水槽和下水管道堵塞或被腐蚀。

⑦实验时要爱护财物,小心使用仪器和实验设备,注意节约水、电、药品。使用精密仪器时,应严格按照操作规程进行,要谨慎细致。如果发现仪器有故障,应立即停止使用,并及时报告指导老师。

⑧药品应按需用量取用,自药品瓶中取出的药品,不应倒回原瓶中,以免带入杂质;取用药品后,应立即盖上瓶塞,以免搞错瓶塞,沾污药品,并立即将药品瓶放回原处。

⑨实验要按正确操作方法进行,注意安全。

⑩实验完毕后应将仪器洗净,放回原处。清洁并整理好桌面,打扫干净水槽和地面,最后洗净双手。

⑪实验结束后或离开实验室前,必须检查电插头或闸刀是否拉开,水龙头是否关闭等。实验室内的一切物品(仪器、药品和实验产物等)不得带离实验室。

1.4　化学实验室安全常识及事故的预防和处理

1.4.1　安全常识

进行化学实验时,常会使用水、电、气和各种药品、仪器。而许多化学药品是易燃、易爆、有腐蚀性或有毒的，故在实验过程中要集中注意力，避免事故发生。为了确保操作者、仪器设备及实验室的安全，每个进入实验室进行实验的学生，都应遵守有关规章制度，并对一般安全常识有所了解。

(1)一般的安全常识

①避免浓酸、浓碱等腐蚀性试剂溅在皮肤、衣服或鞋袜上。

②实验中使用性质不明的物料时，要先用极小的量预试，不得直接去嗅，以免发生意外。易燃或有毒的挥发性有机物都应放置于指定密闭容器中。

③产生有刺激性或有毒气体（如 H_2S、Cl_2、Br_2、浓 HCl 和 HF 等）的实验，应在通风橱内（或通风处）进行。苯、四氯化碳、乙醚、硝基苯等的蒸气也会引起人中毒。它们虽有特殊气味，但因久嗅会使人嗅觉减弱，从而失去警惕，所以也应在通风良好的情况下使用。

④使用有毒试剂时应当小心，应事先熟悉操作中的有关注意事项。氰化物、As_2O_3 等剧毒试剂及汞盐都应特殊保管，不得随意放置。使用剧毒试剂的实验完毕后，应当及时妥善处理，避免自己或他人中毒。

⑤使用 CS_2、乙醚、苯、酒精、汽油和丙酮等易燃物品时，附近不能有明火或热源。操作大量可燃性气体时，严禁同时使用明火，还要防止发生电火花或其他撞击火花。

⑥防止煤气、氢气等可燃气体泄漏在室内，以免发生煤气中毒或引起爆炸。用完煤气后或遇煤气临时中断供应时，应立即把煤气阀关闭。煤气管道漏气时，应立即停止实验，通知有关人员进行检查、维修。

⑦特殊仪器及设备应在熟悉其性能及使用方法后方可使用，并严格按照说明书操作。当情况不明时，不得随便接通仪器电源或扳动按钮。

⑧加热试管时，管口不能对着自己或他人。不要俯视正在加热的液体。普通的玻璃瓶和容量器皿均不可加热，也不可倒入热溶液以免引起破裂或使容量不准。

⑨ 灼热的器皿应放在石棉网或石棉板上，不可和冷物体接触，以免破裂；也不要用手接触，以免烫伤；更不要立即放入柜内或桌面上，以免引起燃烧或烫坏桌面。

(2)实验室安全用电常识

①操作电器时手必须干燥，不得直接接触绝缘性能不好的电器。

②超过 45 V 的交流电都有危险，故电器设备的金属外壳应接上地线。

③为预防发生触电时电流通过心脏，不要用双手同时接触电器。

④使用高压电源要有专门的防护措施，千万不要用电笔试高压电。

⑤实验进行时，需对接好的电路仔细检查，证明无误后方可试探性通电，一旦发现异常应立即切断电源，对设备进行检查。

1.4.2 常见事故的预防

(1)火灾的预防和灭火

在有机化学实验中，常用的溶剂大多数是易燃的，而且多数反应需要加热，因此在化学实验中防火十分重要，要预防火灾的发生，必须注意以下几点：

①实验装置安装一定要正确，操作必须规范。

②易挥发、易燃溶剂不可存放在敞口容器内，要远离火源。加热时必须采用具有回流冷凝管的装置，且不能用明火直接加热。

③实验室内不得存放大量易燃物。

④要经常检查煤气开关、煤气橡皮管及煤气灯是否完好。

一旦发生火患，一定要沉着、冷静。首先要关闭煤气，切断电源，迅速移开周围易燃物质，再用石棉布或黄沙覆盖火源或用灭火器灭火。衣服着火时，应立刻用石棉布覆盖着火处或赶快脱下衣服，火势大时，应一面呼救，一面卧地打滚。

(2)爆炸事故的预防

如实验中发生爆炸，其后果往往是严重的，为防止爆炸事故的发生，一定要注意以下事项：

①仪器装置应安装正确，常压或加热系统一定要与大气相通。

②在减压系统中严禁使用不耐压的仪器，如锥形瓶、平底烧瓶等。

③在蒸馏醚类化合物，如乙醚、四氢呋喃等之前，一定要检查是否有过氧化物。若有，必须要先除去，再进行蒸馏，切勿蒸干。

④使用易燃易爆物如氢气、乙炔等或遇水会发生激烈反应的物质如钾、钠等，要特别小心，必须严格按照实验规定操作。

⑤对反应过于激烈的实验，应特别引起注意，有些化合物因受热分解，体系热量和气体体积突然猛增而发生爆炸。对这类反应，应严格控制加料速率，并采取有效的冷却措施，使反应缓慢进行。

(3)中毒事故的预防

①反应中产生有毒或腐蚀性气体的实验，应放在通风柜内进行或应装有吸收装置，实验室要保持空气流通。

②有些有毒物质易渗入皮肤，因此不能用手直接拿取或接触，更不要在实验室内吃东西。

③剧毒药品应有专人负责保管，不得乱放。使用者必须严格按照操作规程进行实验。实验中如有头晕、恶心等中毒症状，应立即到空气新鲜的地方休息，严重的应立即送医院。

(4)常见事故的处理

实验过程中如发生意外事故，可采取下列相应措施：

①玻璃割伤：伤口内若有玻璃碎片或污物，应立即清除干净，然后涂红药水并包扎。

②烫伤或火伤：切勿用水冲洗。应在伤处抹上苦味酸溶液、万花油或烫伤膏。

③强酸或强碱腐蚀：酸或碱液溅到皮肤上时，先用大量水冲洗，再用饱和碳酸氢钠或2%醋酸溶液冲洗，最后再用水冲洗，涂敷氧化锌软膏或硼酸软膏。若酸或碱溅入眼内，应立即用大量的水冲洗，然后用2%硼酸钠溶液（或3%硼酸溶液）冲洗眼睛，再用蒸馏水冲洗。

④溴腐蚀伤：先用 C_2H_5OH 或 10% $Na_2S_2O_3$ 溶液洗涤伤口，然后用水冲洗，并涂敷甘油。

⑤吸入刺激性或有毒气体：因不慎吸入少量刺激性或有毒气体如溴蒸气、氯气、氯化氢、硫化氢时，应立即到室外呼吸新鲜空气。

⑥触电：不慎触电时，应立即切断电源，或尽快用绝缘物（干燥的木棒、竹竿等）将触电者与电源隔开，必要时进行人工呼吸。

⑦起火：起火时，不要惊慌。立即停止加热或关闭煤气总阀、切断电源，把一切易燃易爆物移至远处。小火用湿布、石棉布或沙子覆盖，燃物使用灭火器。电气设备发生火灾用干粉或二氧化碳灭火器灭火，必要时报火警。

1.5　化学废物的处理及排放

凡是具有毒性、腐蚀性、强氧化性、强还原性、自燃性、恶臭的物质及其溶液，以及易燃、易爆物质均为化学危险品。如在实验中经常接触和使用的碱金属、金属氢化物、有机金属化合物、毒性气体、氰化物、酰卤、重氮化合物、硝基化合物、*N*-亚硝胺、过氧化物、毒性有机磷化合物、氯磺酸、发烟硫酸、汞、重金属盐等皆属危险品，这些危险品一旦成为实验后的废气、废液和废渣(三废)，就必须及时妥善处理或销毁，以免造成意外事故。实验过程中产生的“三废”可用下列方法进行处理，危险品废物处理可查阅相关的手册或资料。

(1)废气

产生少量有毒气体的实验可以在通风橱中进行。通过排风设备将有毒废气排到室外。如果做产生大量有毒气体的实验时，应该安装气体吸收装置来吸收这些气体，然后进行处理。例如卤化氢、SO_2 等酸性气体，可以用 NaOH 水溶液吸收后排放。碱性气体用酸溶液吸收后排放，CO 可点燃转化为 CO_2 气体后排放。

(2)废渣

有毒的废渣应埋在指定的地点，如有毒的废渣能溶解于地下水，会混入饮水中，所以不能未经过处理深埋。有回收价值的废渣应该回收利用。

(3)废液

对于实验室中产生的废液要根据具体情况决定是否直接排放，若产生的废水对环境没有太大的影响则可以直接倾倒入下水道；但通常化学实验中产生的废水含有某些重金属离子如Cr、Hg、Pb 等，它们必须事先经处理才能排放。废酸和废碱溶液经过中和处理，使 pH 值保持在6～8，并用大量水稀释后方可排放。

①含 Cr^{3+} 废液：加入氢氧化钙(俗称消石灰)等碱性试剂，使所含的金属离子形成氢氧化物沉淀而除去。

②含 Cr^{6+} 的化合物：在铬酸废液中，可加入 $FeSO_4$ 或 Na_2SO_3 溶液使 Cr^{6+} 变成 Cr^{3+}，然后再如 Cr^{3+} 的处理方法形成氢氧化铬沉淀除去。

③含氰化物的废液：有两种方法。其一为氯碱法，即将废液调节成碱性后，通入氯气或加入次氯酸钠，使氰化物分解成 CO_2 和 N_2 除去；另一方法为铁蓝法，在含有氰化物的废液中加入 $FeSO_4$，使其变成 $K_4[Fe(CN)_6]$ 沉淀除去。

④含汞及其化合物：处理少量含汞废液经常采用化学沉淀法。在含汞废液中加入 Na_2S，使汞生成难溶的 HgS 沉淀而去除。

⑤含砷及其化合物：废液中加入 H_2S 或 Na_2S，使其生成砷化物沉淀而去除。

(袁小亚)

第2章 化学实验基础知识和基本操作

2.1 化学实验基础知识

2.1.1 化学试剂的规格和标志

化学试剂是指有一定纯度标准的各种单质和化合物。化学试剂基本上分为无机试剂和有机试剂两大类。根据其用途，可分为通用试剂和专用试剂两大类。

我国的通用化学试剂按纯度不同分为四级，即优级纯、分析纯、化学纯和实验试剂。目前实验试剂已不多见，取而代之为生化试剂，见表2-1。

表2-1 化学试剂的分级

试剂等级	优级纯 （一级）	分析纯 （二级）	化学纯 （三级）	实验试剂 （四级）	生化试剂
试剂符号	G. R	A. R	C. P	L. R	B. R
标签颜色	绿色	红色	蓝色	黄色 棕色	咖啡色 玫瑰红色
用途	精密分析及科学研究	一般分析及科学研究	一般定性及化学制备	一般的化学制备	生化实验

专用试剂是随着科学和工业的发展，对化学试剂的纯度要求越加严格，越加专门化的情况下而出现的，其纯度一般在99.99%以上，杂质量控制在ppm级甚至ppb级，如高纯试剂、色谱纯试剂、光谱纯试剂、基准试剂等。

化学试剂的纯度级别及性质类别，一般在标签的左上方用符号注明，规格注在标签右端，并用不同颜色加以区别。不同级别的试剂价格相差较大，应本着节约的原则在实验中选择试剂，不要盲目追求纯度高的试剂，以免造成浪费。

2.1.2 化学实验数据处理与表达

(1)实验数据的记录

学生应有专门的、预先编有页码的实验记录本,不得撕去任何一面。绝不允许将数据记在单面纸、小纸片、书上、手掌上等。实验记录本可与实验报告本共用,实验后即在实验记录本上写出实验报告。

实验过程中的各种测量数据及有关现象,应及时准确而清楚地记录下来。记录实验数据时,要有严谨的科学态度、实事求是,切忌夹杂主观因素,绝不能随意拼凑或伪造数据。实验过程中测量数据时,应注意其有效数字的位数。用分析天平称重时,要求记录到0.000 1 g;滴定管及吸量管的读数,应记录至0.01 mL;用分光光度计测量溶液的吸光度时,如吸光度在0.6以下,应记录至0.001的读数,大于0.6时,则要求记录至0.01的读数。

实验记录上的每一个数据,都是测量结果,所以,重复观测时,即使数据完全相同,也都要记录下来。进行记录时,文字部分应整齐清洁,数据部分应采用一定的表格形式,这样就更为清楚明了。在实验过程中,如发现数据算错、测错或读错而需要改动时,可将该数据用一横线划去,并在其上方写上正确的数字。

(2)分析数据的处理

为了衡量分析结果的精密度,一般对单次测定的一组结果 $x_1, x_2, \cdots, x_n$ 计算出算术平均值 $\bar{x}$ 后,应再将单次测量结果的相对偏差、平均偏差、标准偏差等计算出来,这些是分析实验中最常用的几种处理数据的表示方法。

算术平均值为:

$$\bar{x} = \frac{x_1 + x_2 + \cdots + x_n}{n} = \frac{\sum x_i}{n} \tag{2-1}$$

绝对偏差为:

$$d_i = x_i - \bar{x} \tag{2-2}$$

相对偏差为:

$$d_r = \frac{x_i - \bar{x}}{\bar{x}} \times 100\% \tag{2-3}$$

平均偏差为:

$$\bar{d} = \frac{|x_1 - \bar{x}| + |x_2 - \bar{x}| + \cdots + |x_i - \bar{x}|}{n} = \frac{\sum |x_i - \bar{x}|}{n} \tag{2-4}$$

相对平均偏差为:

$$\mathrm{RMD} = \frac{\bar{d}}{\bar{x}} \times 100\% \tag{2-5}$$

标准偏差为:

$$s = \sqrt{\frac{\sum (x_i - \bar{x})^2}{n - 1}} \tag{2-6}$$

相对标准偏差为:

$$RSD = \frac{s}{\bar{x}} \times 100\% \tag{2-7}$$

其中相对偏差是分析化学实验中最常用的确定分析测定结果好坏的方法。例如,用 $K_2Cr_2O_7$ 法 5 次测得铁矿石 Fe 质量分数分别为:37.40%,37.20%,37.30%,37.50%,37.30%,其处理方法应为(表 2-2)。

表 2-2　数据处理

序号	ω_{Fe}/ %	$\overline{\omega}_{Fe}$/%	绝对偏差/ %	相对偏差/%
x_1	37.40		+0.06	+0.16
x_2	37.20		−0.14	−0.37
x_3	37.30	37.34	−0.04	−0.11
x_4	37.50		+0.16	+0.43
x_5	37.30		−0.04	−0.11

对分析化学实验数据的处理,有时是大宗数据的处理,甚至有时还要进行总体和样本的大宗数据的处理。例如,某河流水质调查,地球表面的矿藏分布调查,某地不同部位的土壤调查,等等。

其他有关实验数据的统计学处理,例如,置信度与置信区间、是否存在显著性差异的检验及对可疑值的取舍判断等可参考有关书籍和专著。

(3)实验报告

实验完毕,应用专门的实验报告本,根据预习和实验中的现象及数据记录等,及时而认真地写出实验报告。分析化学实验报告一般包括以下内容。

实验(编号)实验名称

一、实验目的

二、实验原理

简要地用文字和化学反应式说明。例如,对于滴定分析,通常应有标定和滴定反应方程式,基准物质和指示剂的选择,标定和滴定的计算公式等。对特殊仪器的实验装置,应画出实验装置图。

三、试剂与仪器

列出实验中所要使用的主要试剂和仪器。

四、实验内容

应简明扼要地写出实验内容和画出步骤流程。

五、实验数据记录与处理

应用文字、表格、图形将数据表示出来。根据实验要求及计算公式计算出分析结果并进行有关数据和误差处理,尽可能地使记录表格化。

六、问题讨论

包括解答实验教材上的思考题和对实验中的现象、产生的误差等进行讨论和分析,尽可能地结合分析化学中有关理论,以提高自己分析问题、解决问题的能力,也为以后的科学研究论文的撰写打下一定的基础。

2.1.3 有效数字

在化学实验中不仅要准确地进行量的测定,还需正确地记录和计算,才能得到可信的结果。为了正确地运算,保证实验结果的合理性,必须很好地理解和应用有效数字的概念。有效数字是在具体工作中实际能够测量到的有实际意义的数字,是以数字来表示有效数量。

有效数字的位数取决于测量的方法和仪器的精度。例如,某物体在台秤上称量,所得质量为12.5 g。因台秤的精确度是0.1 g,所以该物体的质量实际是(12.5±0.1)g,其有效数字的位数为3位;若将该物体放在分析天平上称量,测得质量为12.492 0 g。由于分析天平的精确度为0.000 1 g,因此该物体的质量实际为(12.492 0±0.000 1)g,其有效数字是6位。又如,100 cm^3 量筒的最小刻度为1 cm^3,两刻度之间可估计出0.1 cm^3,用量筒测量溶液体积时,最多取到小数点后第一位。如15.8 cm^3,为3位有效数字。用滴定管移取液体,其刻度为0.1 cm^3,可估读到0.01 cm^3。若读数为22.45 cm^3 是4位有效数字。

以上这些测量值中,最后一位数字是估计读出的,为可疑数字,其余为准确数字。所有的准确数字和最后一位可疑数字都称为有效数字。任何一次直接测量,其数值都应记录到仪器刻度的最小估计数,即记录到第1位可疑数字。任何超过或低于仪器精确度有效数的数字都是不正确的。

对于数字"0",要具体情况具体分析。只有在数字的中间或在数字右边时,数字"0"才是有效数字,应包括在有效数字的位数中。例如,用分析天平称量铁矿样0.521 0 g,表明分析天平的精度为0.000 1 g,有效数字为4位,该"0"为有效数字;若称量的结果是0.052 0 g,则"5"左边的2个"0"不是有效数字,仅起定位作用,表示小数点的位置。而"5"右边的"0"则是有效数字,即这个数的有效数字是3位。还需指出,为了准确表示出有效数字位数,应当将数值用科学记数法表示,如1 000,其有效数字的位数是不确定的,若写成 1.0×10^3,其有效数字的位数为2;若写成 1.000×10^3,其有效数字的位数为4。

在处理数据时,常常会遇到一些有效数字位数不同的情况,首先应按照一些规则进行处理,再按一定的法则进行运算。

①有效数字的最后一位数字,一般是不定值。记录数据时,只能保留1位不定值。

②运算时,以"四舍六入五成双"为原则舍去多余的数字。

③尾数为5时,若"5"后面的数字为"0",则"5"前一位数字为偶数时舍弃,为奇数时进1位;若"5"后面的数字是不为"0"的任何数,则不论"5"前面的一个数为偶数或奇数均进1位。

④数据的首位为8或9时,则有效数字可多计1位;如90.0%,则有效数字的位数为4。

⑤数值的加减:几个数值相加或相减,和或差的有效数字位数的保留与这些数值中小数点后位数最少的数字相同。

⑥数值的乘除:几个数值相乘或相除,积或商的有效数字位数的保留是以数值的相对误差最大的那个数为依据,即与各数值中有效数字位数最少的那个数相同,而与小数点的位置无关。

⑦对数的运算:对数值的有效数字位数仅由尾数的位数决定,首数只起定位作用,不是有效数字。对数运算时,对数尾数的位数应该与相应真数的有效数字的位数相同。例如,$c(H^+)=1.8\times10^{-5}$ mol/L,它有2位有效数字,所以,其 pH = 4.74,其中首数"4"不代表有效数字位数,尾数"74"才代表有效数字的位数,为2位有效数字。反过来,由pH值计算 $c(H^+)$ 时,若 pH =

2.72，则 $c(H^+)=1.9\times10^{-3}$ mol/L，而不能写成 1.91×10^{-3} mol/L。

⑧为提高计算的准确性，在计算过程中可暂时多保留一位有效数字，计算完后再修约。

2.2　化学实验基本操作

2.2.1　常用玻璃仪器的洗涤与干燥

(1)大学化学实验常用仪器名称

常用的普通玻璃仪器如图 2-1 所示。

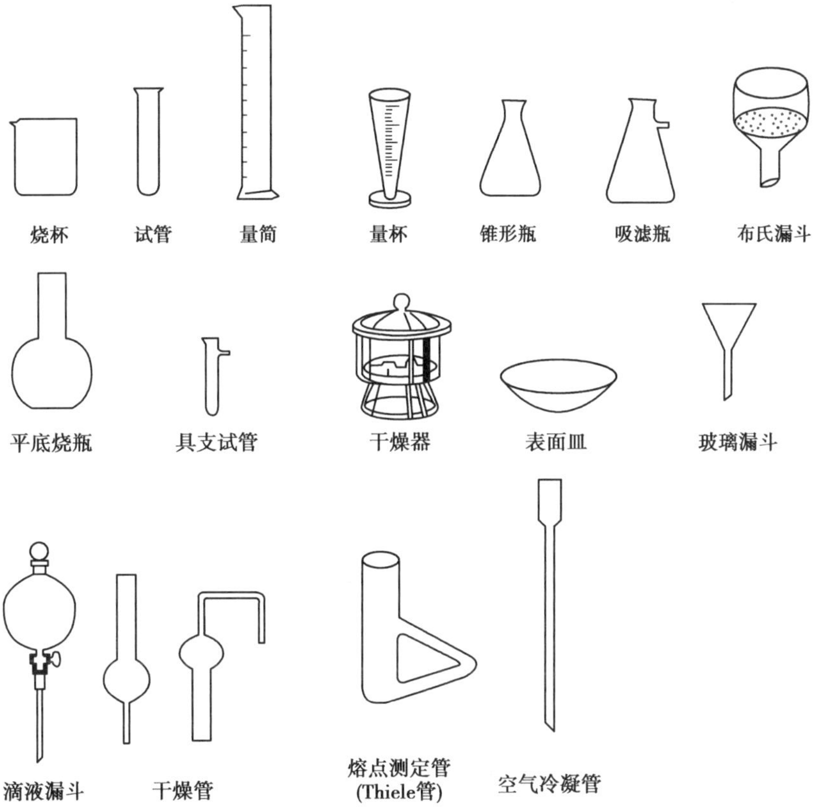

图 2-1　常用普通玻璃仪器

(2)仪器的洗涤

化学实验室里经常要用到玻璃仪器，为保证实验效果，必须将仪器清洗干净。根据实验要求、污性物质和污染程度选择洗涤的方法。

①水洗：用水刷洗能洗去仪器上的灰尘、可溶性物质和对仪器黏附性不强的不溶性物质。

②合成洗涤剂刷洗：用去污粉、肥皂粉或合成洗涤剂能除去仪器沾有的油污或其他污迹。

③洗液刷洗：对形状特殊或对仪器洁净程度较高的精确容量分析的仪器，常用铬酸溶液(25 g $K_2Cr_2O_7$ 溶于 50 cm^3 热水中，冷却后缓慢加入 450 cm^3 浓硫酸即得深褐色铬酸洗液)。洗涤时，尽量抖去容器中的水后注入少量洗液，然后让仪器倾斜并慢慢转动，让洗液润湿仪器

内壁，稍后将洗液倒回原瓶，再用自来水将仪器内壁残留的洗液洗去，最后用蒸馏水淌洗 1 ~2 次即可。注意洗液具有强酸性、强氧化性和腐蚀性，使用时要特别小心，切忌将洗液溅在皮肤和衣服上或溅入眼内，以免造成伤害。

④特殊污物洗涤：对于某些用通常方法不易去除的污物，可通过化学反应将其转化为水溶性物质除去。例如铁盐黄色污物，用稀盐酸浸泡片刻即可除去；高锰酸钾污物，用草酸溶液浸泡洗涤；二氧化锰污物：用浓盐酸浸泡溶解，或者用 $FeSO_4$ 溶液洗涤；碘污物，用稀 NaOH、$Na_2S_2O_3$ 溶液浸泡洗涤；银、铅污物：用稀硝酸浸泡，微热促进溶解洗涤。

经过上述方法洗净的仪器，仍然会沾有自来水中的钙、镁、铁、氯等离子。因此，还需要用去离子水淋洗内壁 2 ~3 次。

洗净的仪器倒置时器壁上只留下一层均匀的水膜，水在器壁上无阻地流动。若局部挂水或有水流拐弯的现象，表示洗得不够干净。

(3)仪器的干燥

在实验中，需经常使用干燥的仪器，特别是在有机实验中，水是大多数有机反应的杂质，极微量的水分有时都会阻止反应，这些反应的成败往往决定于仪器的干燥程度。因此，仪器洗涤干净后，还须加以干燥后才能使用，常用的干燥方法如下：

①晾干：将洗净的仪器倒置在适当的仪器架上，让其在空气中自然干燥。倒置可以防止灰尘落入，但要注意放稳仪器。此法简单、经济，对于不急用的仪器多采用此法，能符合大多数实验的要求。

②烘干：对于需要迅速干燥的仪器，可将其放入电热恒温干燥箱(简称烘箱)内或红外干燥箱内加热。烘箱是实验室常用的仪器(图 2-2)，常用来干燥玻璃仪器或烘干无腐蚀性、热稳定性比较好的药品，但挥发性易燃品或刚用酒精、丙酮淋洗过的仪器切勿放入烘箱内，以免发生爆炸。

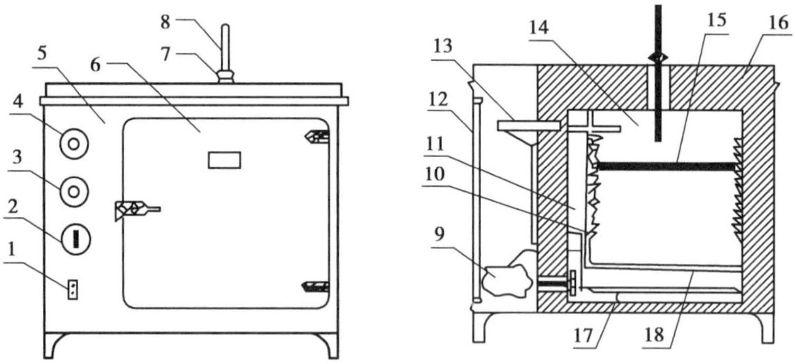

图 2-2　电热恒温干燥箱

1—鼓风开关；2—加热开关；3—指示灯；4—控温器按钮；5—箱体；6—箱门；7—排气阀；8—温度计；9—鼓风电动机；10—隔板支架；11—风道；12—侧门；13—温度控制器；14—工作室；15—试样隔板；16—保温层；17—电热器；18—散热板

③烤干：烧杯、蒸发皿等可直接在石棉网上用小火烤干；试管可在酒精灯的灯焰上烤干。操作开始时，先将仪器外壁擦干后再用小火烤干，同时要不断地摇动使受热均匀。

④吹干：洗净的仪器，特别是较大的仪器如冷凝器等，可用气流干燥器或电吹风机吹干，

洗净后急用的仪器也可用少量酒精或丙酮淌洗（使用后的酒精或丙酮应倒回贴有洗涤用酒精或丙酮标签的回收瓶中），然后先用冷风吹（有机溶剂蒸气易燃、易爆，故不宜先用热风吹），让大部分溶剂挥发后，再用热风吹干。

还应注意的是，一般带有刻度的计量仪器，如移液管、容量瓶、滴定管等不能用加热的方法干燥，以免热胀冷缩影响这些仪器的精密度。玻璃磨口仪器和带有活塞的仪器洗净后放置时，应该在栓口处和活塞处（如酸碱式滴定管、分液漏斗等）垫上小纸片，以防止长期放置后粘上不易打开。

2.2.2　化学试剂的存放和取用

（1）化学试剂的存放

一般的化学试剂应保存在通风良好、清洁干燥的房间内，以防止水分、灰尘和其他物质对试剂的污染。对于有毒、易燃、有腐蚀性和潮解性的试剂，应采用不同的保管方法。

①容易见光分解的试剂（如 $AgNO_3$、$KMnO_4$ 等）应装在棕色瓶中。H_2O_2 虽然也是见光易分解的物质，但不能存放在棕色的玻璃瓶中，而需要存放于不透明的塑料瓶中，并放置于阴凉的暗处，以免棕色玻璃中含有的重金属氧化物成分对 H_2O_2 催化分解。

②易氧化的试剂（如氯化亚锡、低价铁盐等）和易风化或潮解的试剂（如三氯化铝、无水碳酸钠、苛性钠等），应放在密闭容器内，必要时应用石蜡封口。用氯化亚锡、低价铁盐这类性质不稳定的试剂，配制的溶液不能久放，宜现配现用。

③强碱性试剂（如 KOH、NaOH）及 Na_2SO_3 溶液的试剂瓶要用橡皮塞。易腐蚀玻璃的试剂（如氟化物等）应保存在塑料容器内。

④对于易燃、易爆、强腐蚀性、强氧化剂及剧毒品的存放应特别注意，一般需要分类单独存放，如强氧化剂要与易燃物、可燃物分开隔离存放。对于许多低沸点的有机溶剂，如乙醚、甲醇、汽油等易燃药品要远离明火。剧毒药品（如氮化钾、三氧化二砷、氰化物、高汞盐等）和贵重试剂（如 Au、Pt、Ag 等贵重金属）要有专人保管，取用时应严格做好记录，以免发生事故。

盛装试剂的试剂瓶都应贴上标签，并写明试剂的名称、纯度、浓度和配制日期，标签外面应涂蜡或用透明胶带等保护。要定期检查试剂和溶液，变质的或受污染的试剂要及时清理，发现标签脱落应及时更换。脱落标签的试剂在未查明之前不可使用。

（2）化学试剂的取用

①固体试剂的取用：取用固体试剂一般用牛角匙（或塑料勺等）。牛角匙必须干净且专匙专用，用毕随时洗净，吹干备用。瓶盖取下后不要随意乱放，应将顶部朝下放在干净的桌面上，试剂取用后要立即盖严瓶盖。

取用一定量的固体试剂时，可将试剂放在纸上、表面皿或称量瓶等干燥洁净的玻璃容器内，根据要求，在天平（托盘天平、1/100 天平、分析天平）上称量。易潮解或具有腐蚀性的试剂不能放在纸上，应放在玻璃容器内进行称量。取用粉末样品时，为避免粉末黏附在管口和管壁，可将药匙小心地送入试管中，如图 2-3（a）所示，或将药品放在一折成舟状的干净纸条内再送入倾斜的试管，如图 2-3（b）所示，然后再将试管竖直，药品全部落到试管底部。较大的块状固体用镊子夹出，将试管稍微倾斜，让固体沿管壁缓慢地滑到试管底部，如图 2-3（c）所示，不可竖着试管将固体往下丢，如此会砸破试管底部。用过的药匙和镊子要立即用清洁的纸擦干净，以备下次使用。多取出的试剂（特别是纯度较高的试剂）不能倒回原试剂瓶，以免污染整瓶试剂。

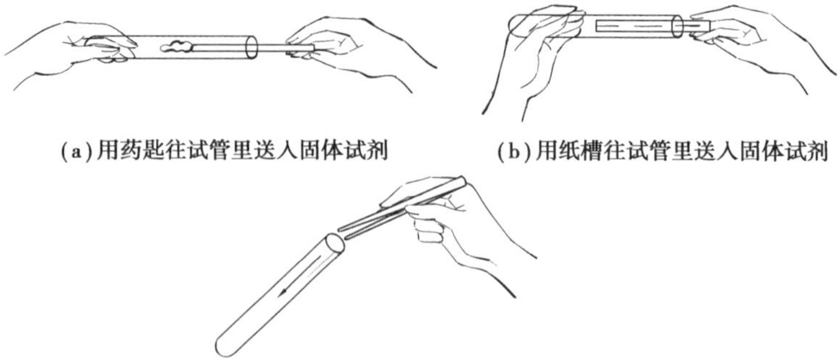

(a)用药匙往试管里送入固体试剂　(b)用纸槽往试管里送入固体试剂

(c)块状固体沿管壁慢慢滑下

图 2-3　固体试剂的取用

②液体试剂的取用：液体试剂一般盛放在细口玻璃瓶中，瓶上贴有标签标明试剂的名称、浓度和纯度等。一般试剂用无色透明的玻璃瓶，见光易分解的试剂用棕色瓶，瓶塞有平顶的和带滴头的两种。取药品前注意瓶上标签标明的内容是否符合实验的要求。

在平顶瓶塞的试剂瓶中取药品时，先取下瓶塞，将它仰放在实验台上，取拿试剂瓶时注意让瓶上的标签贴着手心，以防止液体腐蚀标签，用洁净的玻璃棒引流取出所需量的液体，如图 2-4 所示。若不用玻璃棒引流而直接倾注，应在液体倒完后将试剂瓶在容器壁上靠一下，再使试剂瓶竖直，以免液滴沿外壁流下。取完试剂应立即盖好瓶塞，防止瓶塞盖错。

需少量液体时可用滴瓶盛液体。从滴瓶中取试剂时，首先从滴瓶中拿出滴管，排除橡皮头内的空气（若滴管内已有液体，则无需排除），再放入滴瓶吸取液体（图 2-5）。往试管中滴加试剂时，滴管的管口不能伸入试管中以免碰到试管壁而使滴管污染；吸满试剂的滴管只能竖拿，不能横卧或倒置，否则试剂会流入橡皮头，腐蚀橡皮，污染试剂。滴加完试剂后的滴管应立即放回原试剂瓶中，不要错放，绝对不能用不干净的滴管在试剂瓶中吸取试剂。

定量取用液体试剂时，也可根据要求选用量筒或移液管等。

取用试剂要本着节约的原则，用多少取多少，多余的试剂不应倒回原试剂瓶内，有回收价值的，可放入回收瓶中。

取用易挥发的试剂，如浓 HCl、浓 HNO_3、溴水等，应在通风橱中操作，防止污染室内空气。取用剧毒及强腐蚀性药品要特别注意安全，不要碰到手上以免发生伤害事故。

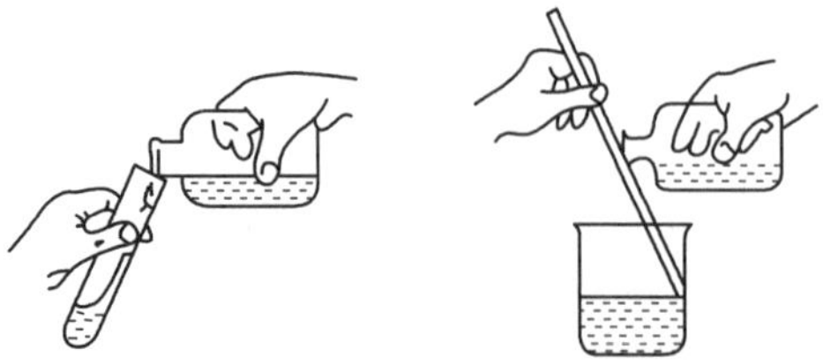

图 2-4　从试剂瓶中倒取液体试剂

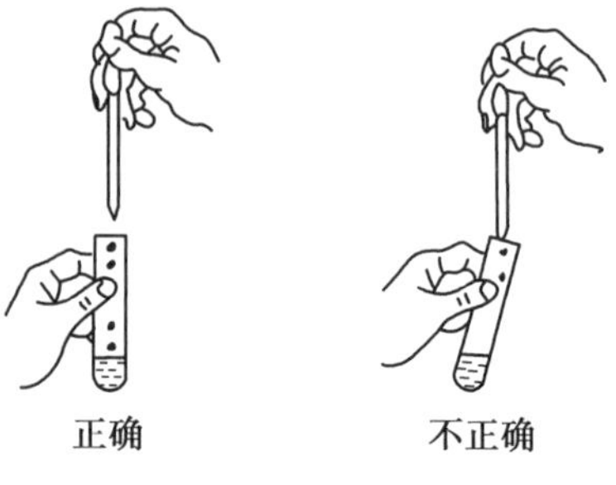

图 2-5　由滴瓶中取用液体试剂

2.2.3　加热与冷却

化学反应往往需要在加热或冷却的条件下进行，而许多基本实验操作也离不开加热或冷却，因此加热和冷却在化学实验中应用非常普遍。

(1) 加热装置

在化学实验室中常用的加热热源有酒精灯、酒精喷灯、电炉、电热套、恒温水浴装置以及管式炉和马弗炉等。

①酒精灯：酒精灯由灯罩、灯芯和灯壶 3 个部分组成，如图 2-6 所示。加入酒精应在灯熄灭情况下，借助漏斗将酒精注入，最大加入量为灯壶容积的 2/3。酒精灯绝不能用另一个燃着的酒精灯去点燃，以免洒落的酒精引起火灾或烧伤（图 2-7）。熄灭时，用灯罩盖上即可，不要用嘴吹。片刻后，还应将灯罩再打开一次，以免冷却后，盖内负压使以后打开困难。

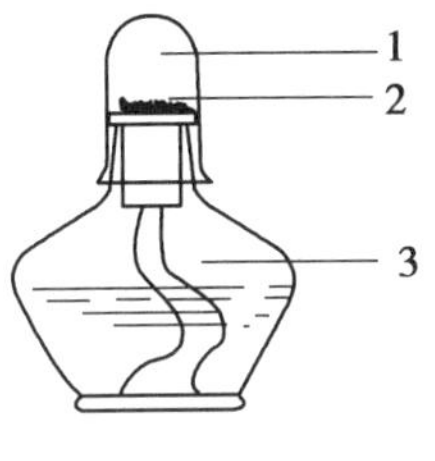

图 2-6　酒精灯

1—灯罩；2—灯芯；3—灯壶

(a) 正确　(b) 错误

图 2-7　点燃酒精灯的方法

酒精灯提供的温度不高，通常为 400 ~ 500 ℃，适用于不需太高加热温度的实验。灯芯短时温度低，长则高些，所以可根据需要加以调节。

②酒精喷灯：需 700 ~ 1 000 ℃的高温加热时可用酒精喷灯。酒精喷灯的类型较多，有座式、挂式、链式等，一般由铜或其他金属制成。常用的座式和挂式喷灯的构造如图 2-8 所示，它们的结构原理相同，都是先将酒精汽化后与空气混合再燃烧。它们的区别仅在于座式喷灯的酒精贮存在下面的空心灯壶里，挂式喷灯的酒精贮存在酒精贮罐内。

使用时首先在预热盘中贮满酒精并点燃，待灯管温度足够高时，开启灯管处的火力调节器，让酒精蒸气与喷火孔的空气混合并由管口喷出，点燃酒精蒸气。火焰温度可由上下移动火力调节器来控制。使用完毕，座式喷灯用金属片或木板盖住灯管口，挂式喷灯关闭贮罐开关，让火焰熄灭。

必须注意：座式喷灯酒精贮量只能是贮器容量的 1/3 ~ 1/2，连续使用的时间一般不超过半小时，若需更长时间的加热则需中途添加酒精，此时应先熄灭火焰，稍后再加酒精，重新点燃；挂式喷灯要在保证灯管充分灼热后才开启酒精贮罐开关并点燃酒精蒸气，此时应控制酒精的流入量，不要太多，待火焰正常后再调大酒精流量，否则酒精在灯管内不能充分汽化，液态酒精从管口喷出，从而形成“火雨”甚至引起火灾。

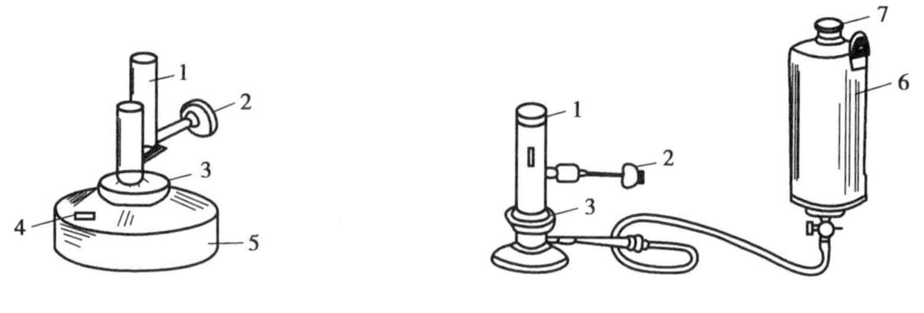

图 2-8　酒精喷灯

1—灯管;2—火力调节器;3—预热盘;4—铜帽;5—酒精壶;6—酒精贮罐;7—盖子

③电炉:电炉可以代替酒精灯或煤气灯加热容器中的液体,根据发热量不同有不同规格,如 500、800、1 000 W 等,温度的高低可以通过调节变压器来控制,如图 2-9(a)所示。

④电热板:电炉做成封闭式称电热板。其加热面积比电炉大,多用于加热体积较大或数量较多的试样,但电热板加温速度较慢,且加热面是平面的,不适合加热圆底容器。

⑤电加热套:是专为加热圆底容器而设计,电热面为凹的半球面的电加热设备,如图 2-9(b)所示。可取代油浴、沙浴对圆底容器加热,有 50、100、250 cm^3 等各种规格。使用时应根据圆底容器的大小选用合适的型号。受热容器应悬挂在加热套的中央,不能接触套的内壁。电加热套相当于一个均匀加热的空气浴,为有效地保温,可在套口和容器之间用玻璃布围住,里面温度最高可达 450 ~ 500 ℃。

⑥管式炉:管式炉有一管状炉膛,利用电热丝或硅碳棒加热,温度可达 1 000 ℃以上,炉膛中插入一根瓷管或石英管,管内放入盛有反应物的反应舟,如图 2-9(c)所示。反应物可在空气或其他气氛中加热反应,一般用来焙烧少量物质或对气氛有一定要求的试样。

⑦马弗炉(或箱式炉):马弗炉有一个长方形炉膛,与管式炉一样,也用电热阻或硅碳棒加热,打开炉门就可放入各种要加热的器皿和样品,如图 2-9(d)所示。

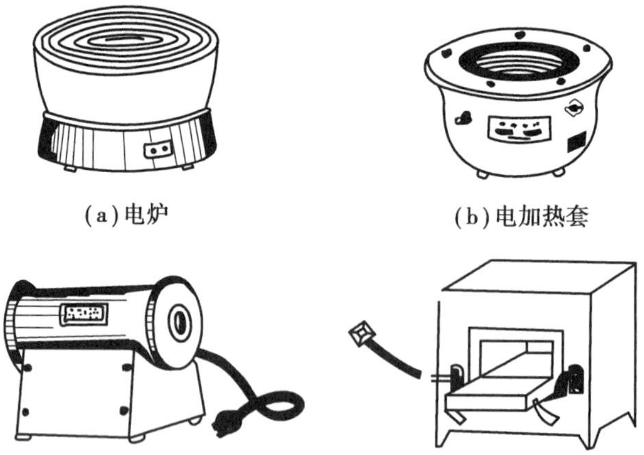

(a)电炉　(b)电加热套

(c)管式炉　(d)马弗炉

图 2-9　实验室用电炉

管式炉和马弗炉的炉温由高温计测量。由一对热电偶和一只毫伏表组成温度控制装置,可以自动调温和控温。

(2)加热方法

实验室常用来加热的器皿有试管、烧杯、烧瓶、锥形瓶,以及蒸发皿,各种坩埚等。表面皿、集气瓶、细口瓶等不能作为直接加热容器;量器(量筒、量杯、容量瓶、移液管、滴定管等)不能作为加热器皿。

①直接加热:直接加热是将被加热物直接放在热源中进行加热,如在酒精灯上加热试管或在马弗炉内加热坩埚等。

②间接加热:间接加热是先用热源将某些介质加热,介质再将热量传递给被加热物。这种方法称为热浴。热浴的优点是加热均匀,升温平稳,并能使被加热物保持一定温度。常见的热浴方法有水浴、油浴、空气浴、沙浴等。加热温度在100 ℃以下时可用水浴,温度在100 ~ 250 ℃加热可选用油浴,使用油浴时,应避免水溅入。实验室中常用的有石棉网上加热和电热套加热。把容器放在石棉网上加热,容器与石棉网之间要留0.5 ~ 1.0 cm间隙,使之形成一个空气浴。这种加热方法不能用于回流低沸点、易燃的液体或减压蒸馏。电热套是一种较好的空气浴,由于它不是明火加热,因此可以加热和蒸馏易燃有机物,但在蒸馏过程中,随着容器内物质的减少,会使容器过热而引起蒸馏物的碳化,但只要选择适当大一些的电热套,在蒸馏时再不断调节电热套的高低位置,碳化现象也是可以避免的。加热温度在几百摄氏度以上使用沙浴。由于沙浴的温度不易控制,所以实验室中使用较少。

(3)冷却

某些化学反应需要在低温条件下进行,有一些反应需要传递出产生的热量;有的制备操作,例如结晶、液态物质的凝固等也需要低温冷却,可根据所要求的温度条件选择不同的冷却剂(制冷剂)。

最简单的冷却方式是将被冷却物浸在冷水中或用流动的冷水冷却(如回流冷凝器),可使被制冷物的温度降到接近室温。需冷至0 ℃时,冰水是最方便的制冷剂。单用碎冰冷却其效果反而不如用冰水,因冰水能与埋入其内的容器外壁密切接触,但水也不能加得太多,否则不足以维持0 ℃,同时也容易倾翻其中的容器。如欲得到0 ℃以下的温度,可采用冰-无机盐冷却剂,即在冰水浴中加入适量的无机盐,如NaCl、$CaCl_2$等,其温度可达到-40 ~ 0 ℃。制作冰-无机盐冷却剂时要把盐研细后再与粉碎的冰混合,这样制冷效果更好。冰与盐按不同的比例混合能得到不同的制冷温度。如$CaCl_2 \cdot 6H_2O$与冰按1∶1、1.25∶1、1.5∶1、5∶1比例混合,分别达到的最低温度为-29 ℃、-40 ℃等。

干冰-有机溶剂冷却剂,可获得-70 ℃以下的低温。干冰与冰一样,不能与制冷容器的器壁有效接触,所以常与凝固点低的有机溶剂(作为热的传导体)一起使用,如异丙醇、丙酮、乙醇、正丁烷、异戊烷等。

常用制冷剂及其最低制冷温度见表2-3。

应当注意,测量-38 ℃以下的低温时不能使用水银温度计(水银的凝固点为-38.87 ℃),而应使用低温酒精温度计等。此外,使用低温冷浴时,为防止外界热量的传入,冷浴外壁应使用厚泡沫塑料等隔热材料包裹覆盖。干冰和液态氮必须用杜瓦瓶盛放。

表 2-3 常见制冷剂及其最低制冷温度

制冷剂	最低温度/℃	制冷剂	最低温度/℃
冰-水	0	$CaCl_2 \cdot 6H_2O$+冰 1：1	-29
NaCl+碎冰 1：3	-20	$CaCl_2 \cdot 6H_2O$+冰 1.25：1	-40
NaCl+碎冰 1：1	-22	液氨	-33
NH_4Cl+冰 1：4	-15	干冰	-78.5
NH_4Cl+冰 1：2	-17	液氮	-196
干冰+乙醇	-72	干冰+丙酮	-78
干冰+乙醚	-100		

2.2.4 容量仪器及其使用方法

量筒、量杯、滴定管、移液管、吸量管、容量瓶等是基础化学实验室中测量溶液体积的常用玻璃度量仪器(简称量器)。量筒、量杯可量取体积较大但体积不太准确的液体体积,其余的量器量取液体可准确到 0.01 cm^3,应根据实验对液体体积准确性的要求不同而选用各种量器。

(1)量筒、量杯

量筒、量杯是有刻度的玻璃圆筒或圆锥体,是实验中常用来量取液体体积的仪器。有 10、20、50、100、500、1 000 cm^3 等各种规格供选用。要使量取的液体体积准确,正确的方法是使量器内的液面保持水平,视线与液体弯月面的底部在同一水平线上,如图 2-10 所示。对液体体积要求不严格的定性实验,可用数滴数的方法取少量液体,一般滴管取水溶液 18 ~ 20 滴约 1 cm^3。

(2)移液管和吸量管

移液管和吸量管都是用来准确量取一定体积液体的量器。移液管是一根细长而中间膨大的玻璃管,在管的上端有一环形标线,中间膨大部分标有它的容积和标定时的温度;吸量管是带有分刻度的玻璃管,实际上吸量管是单标线移液管,两者并没有严格区分。当量取整数体积的液体时,可使用相应大小的移液管,而不使用吸量管,因为后者准确度差些。

使用移液管或吸量管吸取溶液之前,首先应该用洗液洗净内壁,然后用自来水冲洗,再用蒸馏水淌洗 3 次,最后还必须用少量待吸的溶液淌洗内壁 3 次,以保证溶液吸取后浓度不变。

用移液管或吸量管吸取溶液时,一般应先将待吸溶液转移到已用该溶液淌洗过的烧杯中再行吸取。吸取溶液时,右手拇指和中指拿住移液管上端,将移液管插入待吸溶液的液面下 1 ~2 cm 处;左手拿洗耳球,先将它捏瘪排去球中空气,将洗耳球对准移液管的上口按紧,切勿漏气,然后慢慢松开洗耳球,使移液管中液面缓慢上升,如图 2-11 所示。但要小心,不要将溶液吸入球中,以免污染溶液。当液面达到移液管刻度线以上 3 ~5 cm 处时,应迅速移开洗耳球用右手食指压着移液管上口,慢慢转动移液管,使空气徐徐进入而液面下降。当弯月面与移液管的刻度线平而相切时,则压紧管上口,将溶液转移入锥形瓶或容量瓶中,并让溶液自然流出,如图 2-12 所示。最后移液管的管口与锥形瓶的内壁接触 2 次,并将移液管向左右转动一下,取出移液管。注意,除标有“吹”字样的移液管外,不要把残留在管尖的液体吹出,因为在校准移液管容积时，没有算上这部分液体。移液完成后，要将移液管清洗干净。

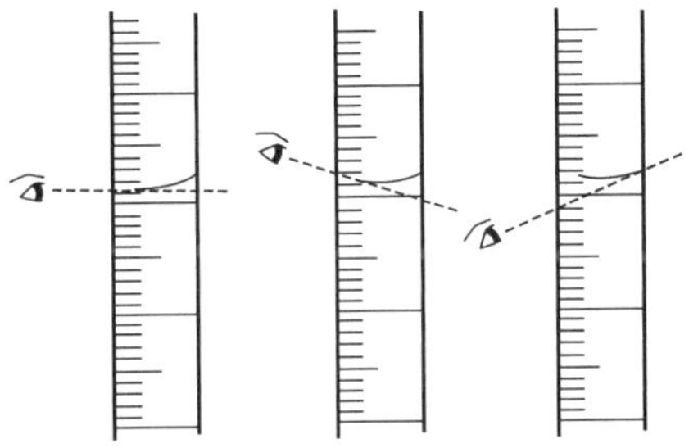

图2-10　量筒的读数方法

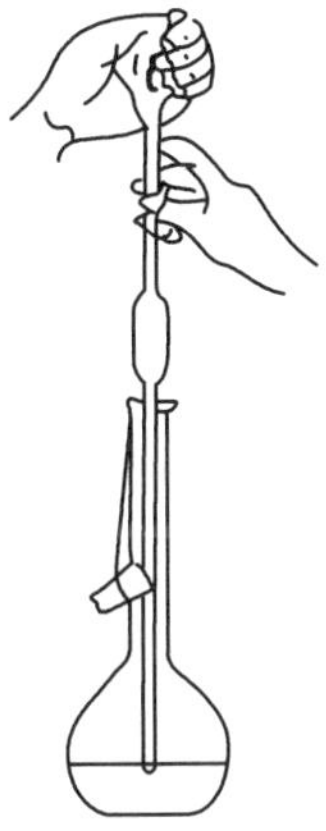

图2-11　用洗耳球吸取溶液

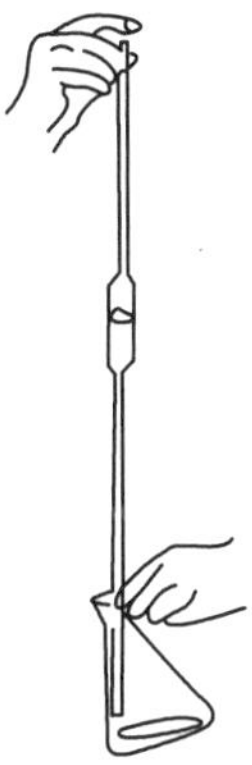

图2-12　移液管的使用

(3)容量瓶

在配制标准溶液或将溶液稀释至一定浓度时，我们往往要使用容量瓶。容量瓶是平底、细颈的梨形瓶，瓶口带有磨口玻璃塞或塑料塞，瓶颈上刻有环形标线，液体达到该线时表示瓶内液体体积正好与瓶上标示的容积相对应。容量瓶标示的容积一般表示20 ℃时液体充满至刻度时的容积。常见的有10、25、50、100、250、500、1 000 cm^3 等各种规格。此外还有1、2、5 cm^3 的小容量瓶，但用得较少。

容量瓶的使用主要包括下述几个方面。

①检查：使用容量瓶前应先检查其标线是否离瓶口太近，如果太近则不利于溶液的混合，故不宜使用。另外，还必须检查瓶塞是否漏水。检查时加自来水至刻度，盖好瓶塞并用左手食指按住，同时用右手五指托住瓶底边沿，如图2-13(a)、(b)所示，将瓶倒立2 min，如不漏水，将瓶直立，把瓶塞转动180°再倒立2 min，若仍不漏水即可使用。容量瓶的塞子和瓶是配套的，不能调换。为了避免打破塞子，应用一根线绳将其拴在瓶颈上。

②洗涤：可先用自来水刷洗后再用去离子水淌洗2~3次。如容量瓶内壁有油污，则应倒尽残水，加入适量的铬酸洗液(250 cm^3 规格的容量瓶可倒入10~20 cm^3)，倾斜转动，使洗液充分润洗容量瓶内壁，再倒回原洗液瓶中。用自来水冲洗干净后再用去离子水淌洗2~3次备用。

③由固体试剂配制溶液：将准确称量好的药品，倒入干净的小烧杯中，加入少量溶剂将其完全溶解后再定量转移至容量瓶中。注意，如使用非水溶剂则小烧杯及容量瓶都事先用该溶剂润洗2~3次。定量转移时，右手持玻璃棒悬空放入容量瓶内，玻璃棒下端靠在瓶颈内壁，但不能与瓶口接触，左手拿烧杯，烧杯嘴紧靠玻璃棒，使溶液沿玻璃棒、沿瓶壁而下流入瓶内，如图2-13(c)所示。烧杯中溶液流完后，将烧杯嘴沿玻璃棒上提，同时使烧杯直立。将玻璃棒取出放入烧杯内，用少量溶剂冲洗玻璃棒和烧杯内壁，洗涤液如上法转移到容量瓶中，如此重复操作3次以上，然后补充溶剂，当容量瓶内溶液体积至3/4左右时，可初步摇荡混匀。然后继续添加溶剂至标线附近。最后改用滴管逐滴加入，直到溶液的弯月面下限恰好与标线相切。若为热溶液应冷至室温后，再加溶剂至标线。盖上瓶塞，按图2-13(a)、(b)将容量瓶倒置，待气泡升至底部，再倒转过来，使气泡升到顶部，如此反复10次以上，使溶液混匀。

④由液体试剂配制溶液:用移液管移取一定体积的浓溶液于容量瓶中,加水至标线。同上法混合即可。

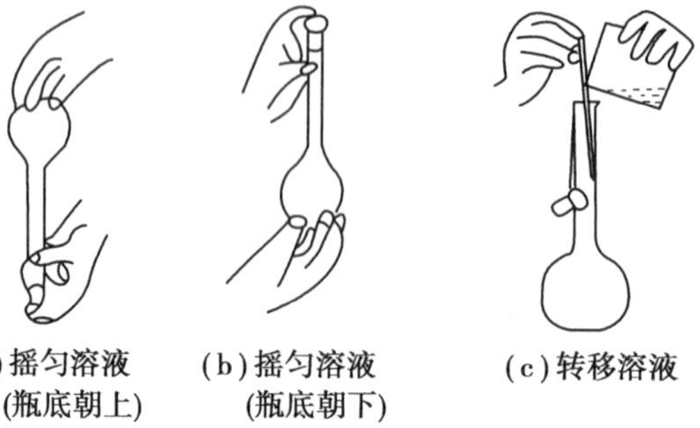

图 2-13 容量瓶的使用和定量转移操作

使用容量瓶时应注意:容量瓶不宜长期贮存试剂,配好的溶液如需长期保存应转入试剂瓶中;转移前须用该溶液将洗净的试剂瓶润洗 3 遍;用过的容量瓶,应立即用水洗净备用;如长期不用,应将磨口和瓶塞擦干,用纸片将其隔开。此外,容量瓶不能在电炉、烘箱中加热烘烤,如确需干燥,可将洗净的容量瓶用乙醇等有机溶剂润洗后晾干,也可用电吹风或烘干机的冷风吹干。

(4)滴定管

滴定管是进行滴定分析时准确量度溶液体积的量器。常用的滴定管容积为 50 cm^3 和 25 cm^3,其最小刻度是 0.1 cm^3,在最小刻度之间可估读出 0.01 cm^3,一般读数误差为 0.02 cm^3。除此之外,还有 10 cm^3 及容积更小的微量滴定管。

滴定管可分为酸式和碱式两种。

酸式滴定管,如图 2-14 所示,下端有一玻璃旋塞。开启旋塞时,溶液即自管内滴出。酸式滴定管用来装酸性及氧化性溶液,但不宜装碱液,因玻璃塞易被碱性溶液腐蚀而粘住,以致无法转动。

碱式滴定管,如图 2-15(a)所示,下端用橡皮管连接一支玻璃管嘴。橡皮管内装一玻璃圆珠以代替活塞。用拇指和食指捏住玻璃圆珠处的橡皮管,可使之形成一窄缝而让溶液流出,如图 2-15(b)所示。碱式滴定管用来装碱性及无氧化性溶液,而不能装碘、高锰酸钾、硝酸银溶液等能与橡皮管起作用的物质;橡皮管也不能用铬酸洗液浸洗。

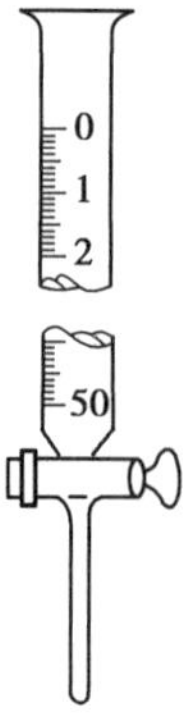

图 2-14 酸式滴定管

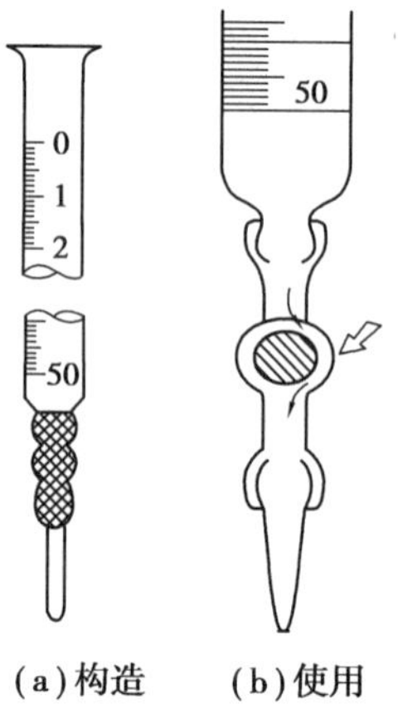

图 2-15 碱式滴定管

滴定管除无色的外，还有棕色的，用以装高锰酸钾、硝酸银等见光易分解的溶液。

1）使用前的准备

①滴定管的洗涤：先用自来水冲洗，再用滴定管刷蘸肥皂水或合成洗涤剂刷洗。滴定管刷的刷毛要相当软，刷头的铁丝不能露出，也不能向旁弯曲，以免划伤滴定管内壁。洗净的滴定管的内壁应完全被水均匀润湿而不挂水珠。若管壁挂有水珠，则表示其仍附有油污，须用洗液装满滴定管浸泡 10 ~ 20 min，回收洗液后，再用自来水洗净滴定管。

②旋塞涂脂：酸式滴定管的旋塞必须涂脂，以防漏水和保证转动灵活。涂脂时，如图 2-16（a）所示取下旋塞栓，用清洁的布或滤纸将洗净的旋塞栓和栓管擦干。在旋塞栓粗端和栓管细端均匀地涂上一层脂，最常用的是凡士林。然后将旋塞栓小心地插入栓管中（注意不要转着插，以免将脂弄到栓孔使滴定管堵塞）。向同一方向转动旋塞，如图 2-16（b）所示，直到全部透明。为了防止旋塞栓从栓管中脱出，可用橡皮圈把旋塞栓系牢，或从橡皮管上剪下一小圈橡皮，套住旋塞末端。凡士林不可涂得太多，否则容易使滴定管的细孔堵塞，涂得过少则润滑不够，甚至会漏水。涂得好的旋塞应当透明，无纹路，旋转灵活。涂脂完后，在滴定管中加水少许，检查是否堵塞或漏水。如果漏水，应重新涂脂，直到满意为止。

对碱式滴定管应检查是否漏水。如果漏水可调整下端橡皮管内玻璃圆珠的位置。如仍漏水，则需更换橡皮管或玻璃圆珠，再经试漏、洗净方可使用。

③滴定管的润洗：用自来水洗净的滴定管，首先要用去离子水润冲 2 ~ 3 次，以避免管内残存的自来水影响测定结果。每次润冲加入 5 ~ 10 cm^3 去离子水，并打开旋塞使部分水由此流出，以冲洗出口管。然后关闭旋塞，两手平端滴定管慢慢转动，使水流遍全管。最后边转动边向管口倾斜，将其余的水从管口倒出。用去离子水润冲后，再按上述操作方法，用标准溶液润冲滴定管 2 ~ 3 次，以确保标准溶液不被残存的去离子水稀释。每次取标准溶液前，要将瓶中的溶液摇匀，然后倒出使用。

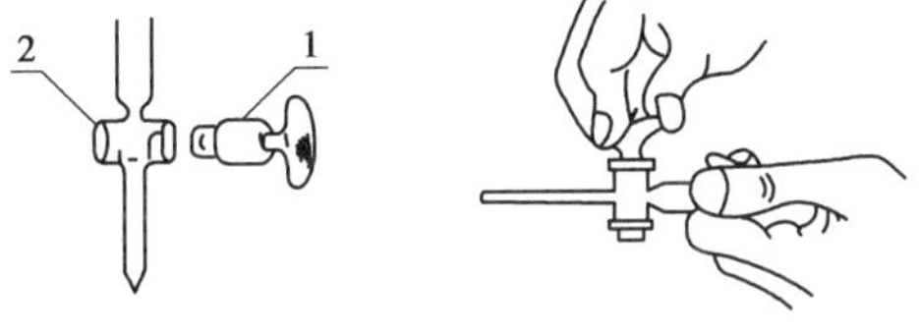

（a）取下旋塞栓　　（b）转动旋塞

图 2-16　旋塞的涂脂

1—旋塞栓；2—栓管

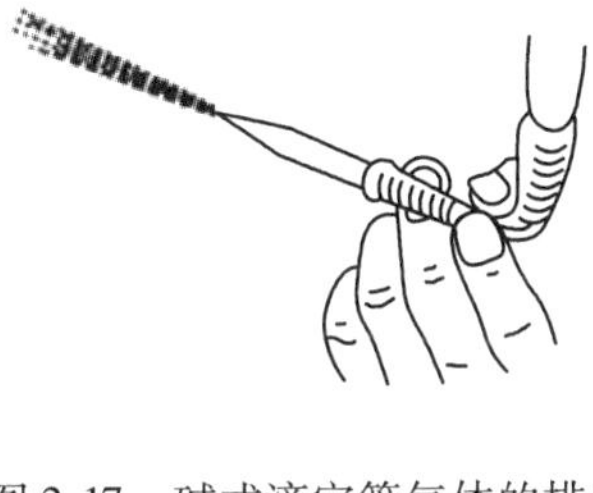

图 2-17　碱式滴定管气体的排出

④标准溶液的装入：关好旋塞，左手拿滴定管，略微倾斜，右手拿住瓶子或烧杯等容器向滴定管中注入标准溶液。不要注入太快，以免产生气泡，待至液面到“0”刻度附近为止。用布擦净外壁。

⑤气泡的排除：滴定管的出口管如未充满溶液而存在气泡，则必须将之除去。对酸式滴定管，可倾斜滴定管，打开旋塞使溶液冲出管口而除去气泡。对碱式滴定管可将橡皮管向上弯曲，用两指挤压稍高于玻璃珠所在处，使溶液从管口喷出，气泡亦随之而排去（图 2-17）。排除气泡后，再把标准溶液加至“0”刻度处或稍下。滴定管下端如悬挂液滴也应当除去。

2)滴定管的读数

用两个指头拿住滴定管上端无刻度处令其悬垂,或把滴定管垂直地夹在滴定管架上进行读数。对无色溶液,读取弯月面下层最低点,对有色溶液,则读取液面最上缘。眼睛和刻度应在同一水平上,如图 2-18(a)所示。读数要准确至小数点后第 2 位。为了帮助读数,可用带色纸条围在滴定管外弧形液面下约一格处。当眼睛恰好看到纸条前、后边缘相重合时,在此位置上可较准确地读出弯月面所对应的体积刻度,如图 2-18(b)所示;也可采用黑白纸板作辅助,如图 2-18(c)所示,这样能更清晰地读出黑色弯月面所对应的滴定管读数。若滴定管带有白底蓝条,则调整眼睛和液面在同一水平后,读取两尖端相交处的读数,如图 2-18(d)所示。

3)滴定操作

滴定过程的关键在于掌握滴定管的操作方法及溶液的混匀方法。

滴定时身体直立,以左手的拇指、食指和中指轻轻地拿住旋塞柄,无名指及小指抵住旋塞下部并手心弯曲,食指和中指由下向上各顶住旋塞柄一端,拇指在上面配合转动(图 2-19)。转动旋塞时应注意不要让手心顶出旋塞而造成漏液。右手持锥形瓶使滴定管尖伸入瓶内,边滴定边摇动锥形瓶(图 2-20),瓶底应向同一方向做圆周运动,不可前后振荡,以免溅出溶液。滴定和摇动溶液要同时进行,不能脱节。在整个滴定过程中,左手一直不能离开活塞而任溶液自流。锥形瓶下面的桌面上可衬白纸,使终点易于观察。

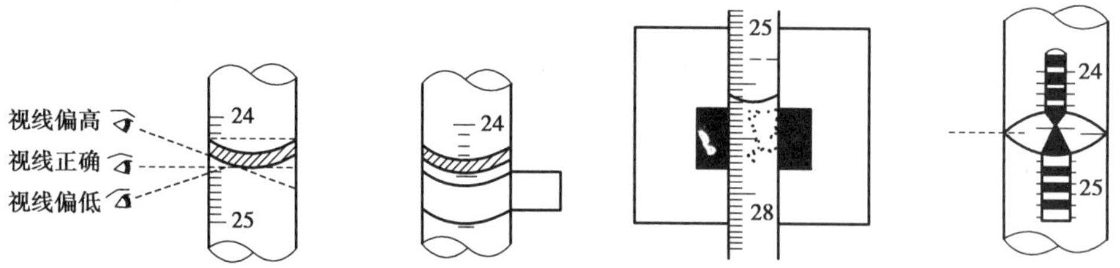

(a)视线与液面的关系 (b)用纸条帮助读数 (c)使用白板读数 (d)带蓝条滴定管的读数

图 2-18 滴定管的使用

使用碱式滴定管时,左手拇指在前、食指在后,捏挤玻璃球外面的橡皮管,溶液即可流出,但不能捏挤玻璃珠下方的橡皮管,否则会在管嘴出现气泡。滴定不可过快,要使溶液逐滴流出而不连成线。滴定速度一般为 10 cm^3/min,即每秒 3 ~4 滴。

滴定过程中,要注意观察标准溶液的滴落点。一般在滴定开始离终点很远时,滴入标准溶液不会引起可见的变化,但滴到后期,滴落点周围出现暂时性的颜色变化而当即消失。随着离终点越来越近,颜色消失渐慢。在接近终点时,新出现的颜色暂时地扩散到较大范围,但转动锥形瓶 1 ~2 s 后仍完全消失。此时应不再边滴边摇,而应滴 1 滴摇几下。通常最后滴入半滴,溶液颜色突然变化而半分钟内不褪,则表示终点已经到达。滴加半滴溶液时,可慢慢控制旋塞,使液滴悬挂管尖而不滴落,用锥形瓶内壁将液滴擦下,再用洗瓶以少量去离子水将之冲入锥形瓶中。

在滴定过程中,尤其临近终点时,应用洗瓶将溅在瓶壁上的溶液吹洗下去,以免引起误差。滴定也可在烧杯中进行。滴定时边滴边用玻璃棒搅拌烧杯中的溶液(也可使用电动搅拌器)。对于酸式滴定管,若较长时间放置不用,还应将旋塞拔出,洗去润滑脂,在旋塞栓与栓管之间夹一小纸片,再系上橡皮圈。

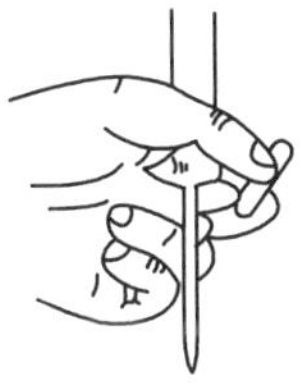

图 2-19　活塞转动的姿势

图 2-20　滴定的姿势

2.2.5　固液分离法

固体与溶液分离的方法主要有 3 种:倾滗法、过滤法、离心分离法。

(1) 倾滗法

当沉淀的密度较大或结晶的颗粒较大,静置后易沉降至容器底部时,可用倾滗法进行分离和洗涤。待沉淀(或晶体)沉降至容器底部后,小心地把上层清液沿玻璃棒倾入另一容器中(图 2-21)。洗涤沉淀时,可往盛有沉淀的容器内加入少量洗涤液(如蒸馏水),充分搅拌后,静置、沉降,倾去洗涤液。如此重复操作 3 遍以上,即可把沉淀洗净。

(2) 过滤法

分离固体和液体最常用的方法是过滤法。

过滤时,应先用倾滗法把上层清液转入铺有滤纸的漏斗中,待溶液流净后再转移沉淀,这样,就不会因为沉淀堵塞滤纸的孔隙而减慢过滤速度。要将固体完全转移到漏斗中,可以按图 2-22 所示操作:将玻璃棒横搁在烧杯口上,伸出 3 cm,用左手食指按住玻璃棒另一端,拿起烧杯举到漏斗上方,使烧杯倾斜,再用右手使用洗瓶,用细水流按顺序冲洗整个杯壁,沉淀和洗涤液就顺棒流入漏斗。

图 2-21　倾滗法

图 2-22　冲洗沉淀的方法

胶状沉淀和细颗粒沉淀能穿过滤纸,过滤前应先设法破坏胶态或使沉淀聚沉(如加热或保温陈化),使细颗粒凝聚成较大的颗粒。

常用的过滤方法分常压过滤、减压过滤和热过滤,现分述如下:

1)常压过滤

常压过滤是使用圆锥形带颈的玻璃漏斗和滤纸过滤。按图 2-23 将滤纸折叠好后放到漏斗中备用。

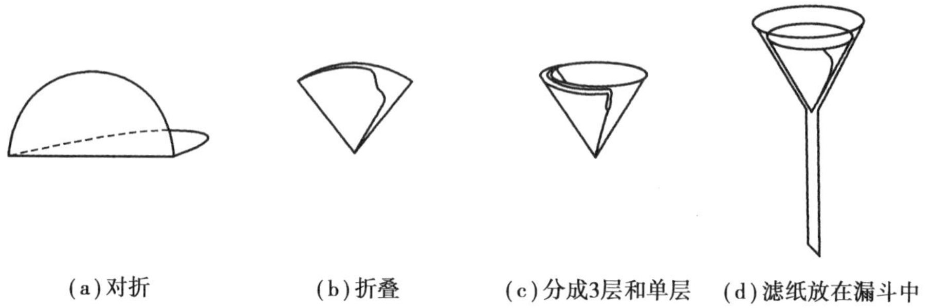

图 2-23　滤纸的折叠和安放

①滤纸的折叠和安放:先将滤纸沿直径对折成半圆,如图 2-23(a)所示,再根据漏斗的角度的大小折叠,也可以大于 90°,如图 2-23(b)所示。折好的滤纸,一个半边为三层,另一个半边为单层,为使滤纸三层部分紧贴漏斗内壁,可将滤纸的上角撕下,如图 2-23(c)所示,并留做擦拭沉淀用。将折叠好的滤纸放在洁净的漏斗中,如图 2-23(d)所示,用手指按住滤纸,加蒸馏水至满,必要时用手指小心轻压滤纸,把留在滤纸与漏斗壁之间的气泡赶走,使滤纸紧贴漏斗并使水充满漏斗颈形成水柱,以加快过滤速度。

②沉淀的过滤:一般多采用“倾滗法”过滤。操作如图 2-24 所示,将玻璃棒置于漏斗之上,接受滤液的洁净烧杯放在漏斗下面,使漏斗颈下端在烧杯边沿以下 3 ~4 cm 处,并与烧杯内壁靠紧。先将烧杯倾斜静置,操作时一手拿住玻璃棒,使与滤纸近于垂直,玻璃棒位于 3 层滤纸上方,但不和滤纸接触。另一只手拿住盛沉淀的烧杯,烧杯嘴靠住玻璃棒,慢慢将烧杯倾斜,使上层清液沿着玻璃棒流入滤纸中,随着滤液的流注,漏斗中液体的体积增加至滤纸高度的 2/3 处,停止倾注(**切勿注满**),停止倾注时,可沿玻璃棒将烧杯嘴往上提一小段,扶正烧杯;在扶正烧杯以前不可将烧杯嘴离开玻璃棒,并注意不让沾在玻璃棒上的液滴或沉淀损失,把玻璃棒放回烧杯内,但勿把玻璃棒靠在烧杯嘴部。

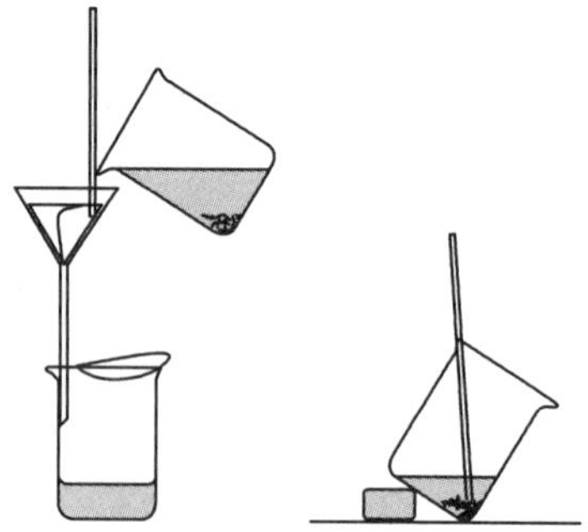

图 2-24　倾滗法过滤操作和倾斜静置

③沉淀的洗涤和转移：

a. 洗涤沉淀：一般采用倾滗法，为提高洗涤效率，按“少量多次”的原则进行。即加入少量洗涤液，充分搅拌后静置，待沉淀下沉后，倾泻上层清液，再重复操作数次后，将沉淀转移到滤纸上。

b. 转移沉淀：在烧杯中加入少量洗涤液，将沉淀充分搅起，立即将悬浊液一次性转移到滤纸中。然后用洗瓶吹洗烧杯内壁、玻璃棒，再重复以上操作数次；这时在烧杯内壁和玻璃棒上可能仍残留少量沉淀，可用撕下的滤纸角擦拭，放入漏斗中，再如图 2-25 所示进行最后冲洗。

沉淀全部转移后，再在滤纸上进行洗涤，以除尽全部杂质。注意在用洗瓶冲洗时是自上而下螺旋式冲洗，如图 2-26 所示，使沉淀集中在滤纸锥体最下部，重复多次，直至检查无杂质为止。

图 2-25　沉淀转移操作

图 2-26　在滤纸上洗涤沉淀

常压过滤注意事项：

①过滤时先用倾滗法将清液转移到滤纸上，然后将沉淀转移到滤纸上。

②如果需要洗涤沉淀，等溶液转移完后，往盛沉淀的容器中加入少量洗涤剂，充分搅拌，静置，待沉淀下沉后，再把上层溶液倾入漏斗中。直至检查滤液中无杂质，证明沉淀已洗净后，再把沉淀转移到滤纸上过滤。

粗晶状的沉淀也可以在滤纸上进行洗涤，洗涤时遵照“少量多次”的原则。可先冲洗滤纸上方，然后螺旋向下移动，要等第一次洗涤液流尽，再进行第二次洗涤，以提高洗涤效率。

2）减压过滤

减压过滤又称吸滤法过滤，或称抽吸过滤，简称抽滤。减压可以加快过滤速度，还可以把沉淀抽吸得比较干，当过滤较大量的液体且其中的沉淀颗粒较大时，常采用减压过滤。

胶态沉淀在有压力差的情况下更易透过滤纸，不能用此法过滤。颗粒很细的沉淀会因减压抽吸而在滤纸上形成一层密实的沉淀，使溶液不易透过，反而达不到加速过滤的目的，也不宜用减压过滤法。

①减压过滤仪器装置如图 2-27 所示。

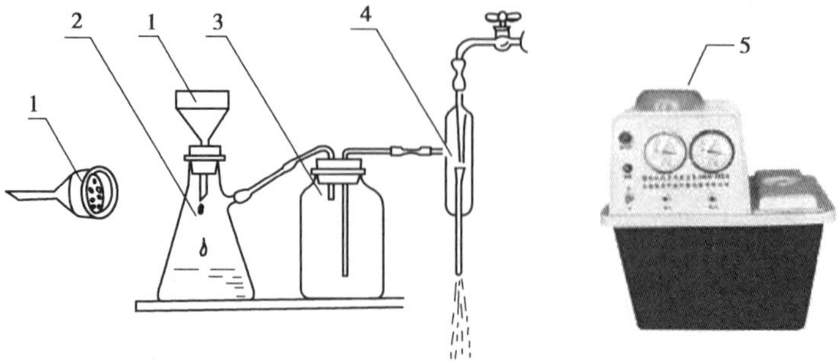

图 2-27 减压过滤装置

1—布氏漏斗;2—吸滤瓶;3—安全瓶;4—水喷射泵;5—循环水真空泵

布氏漏斗(或称瓷孔漏斗):为瓷质平底漏斗,平底上面有很多小孔。漏斗下端颈部装有橡皮塞,借以和吸滤瓶相连。

吸滤瓶:用来承受滤液,有支管与抽气系统相连。

安全瓶:当减压过滤的操作做完而关闭水龙头时,或者水的流量突然加大后又变小时,都会由于吸滤瓶内的压力低于外界压力,使自来水压入吸滤瓶内,把瓶内滤液冲稀弄脏(这一现象称为倒吸),所以过滤时要在吸滤瓶和水泵之间装一个安全瓶,起缓冲作用。过滤完毕,应先拔掉连接吸滤瓶的橡皮管,再关水龙头,以防倒吸。

水喷射泵(简称水泵):起减压作用,在泵内有一个逐渐收缩的喷嘴,水在此处高速喷出时形成低压,与水泵相连系统的气体由此吸入再和水一起排出,从而使系统内压力减小。

也可以使用真空泵代替水喷射泵。

②减压过滤的操作方法:所用的滤纸应比布氏漏斗的内径略小,但又能把瓷孔全部盖住。把滤纸平铺在漏斗内,用少量蒸馏水润湿滤纸,将漏斗装在吸滤瓶上,使漏斗颈部的斜口对着吸滤瓶支管,以避免减压时,滤液被吸入滤瓶侧口。微启水龙头,减压,使滤纸贴紧(此时可观察系统是否漏气)。在开着水龙头的情况下,使溶液沿着玻璃棒流入漏斗中,注意加入溶液的量不要超过漏斗容积的 2/3。逐渐开大水龙头,待溶液全部流完后,把沉淀转移到滤纸中间部位(不要把沉淀转移在滤纸的边缘,否则沉淀易渗漏到滤液中,且使取下滤纸和沉淀的操作较为困难)。继续减压抽滤,可将沉淀抽吸得比较干(洗涤沉淀时应先关闭减压系统,待洗涤液慢慢渗下一会儿后,再抽干)。

过滤完毕后,先拔掉连接吸滤瓶的橡皮管,后关水龙头。用药匙轻轻揭起滤纸边,或取下布氏漏斗倒扣在表面皿上,轻轻拍打漏斗,以取下滤纸和沉淀。倒出滤液时,注意使吸滤瓶的支管朝上,以免滤液由此流出。支管只作连接减压装置用,不是滤液出口。

3)热过滤

有些溶质在温度下降时很容易析出,但又要求其留在滤液中不在滤纸上析出,这时就需要趁热过滤。

过滤时,可把玻璃漏斗放在金属制的热漏斗内(图 2-28)。过滤前可从漏斗上方小口注入热水,如果需要保持一定温度,过滤时还可在侧管处加热。要随时注意使液面不低于侧管,以防烧坏漏斗。此时所用的玻璃漏斗,颈部以短的为好,以免过滤时滤液在漏斗颈内停留过久,散热降温,析出晶体而发生堵塞。

也可以在过滤前,把普通漏斗放在水浴上用水蒸气加热,然后使用。

(3) **离心分离法**

当被分离的沉淀的量很少时，可用离心分离法。本法分离速度快，适用于需要迅速判断沉淀是否完全的实验。

实验室常用的电动离心机，如图 2-29 所示。

将盛有沉淀和溶液的离心管放在离心机内高速旋转，由于离心力的作用使沉淀聚集在管底尖端，上部是澄清的溶液，从而实现固液分离。

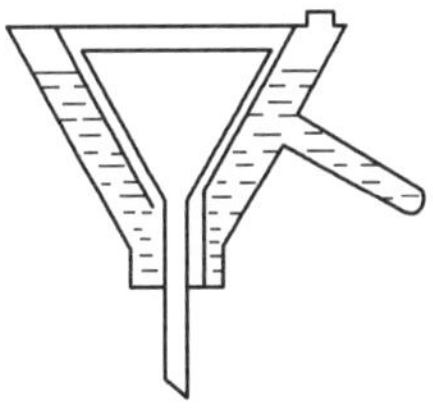

图 2-28　热滤漏斗

图 2-29　电动离心机

①离心操作：电动离心机转动速度极快，要特别注意安全。放好离心管后，把盖旋紧。开始时，应把变速旋钮旋到最低挡，以后逐渐加速；离心约 1 min 后，将旋钮反时针旋到停止位置，任离心机自行停止，绝不可用外力强制它停止运动。

使用离心机时，为了使离心机旋转时保持平衡，几支离心管要放在对称的位置上，如果只有一份样品，则在对称的位置放一支离心管，管内装等量的水。各离心管的规格应相同，加入离心管内液体的量，不得超过其体积的一半，各管溶液的高度应相同。

电动离心机如有噪声或机身振动时，应立即切断电源，查明并排除故障。

②分离溶液和沉淀：离心沉降后，可用吸出法分离溶液和沉淀。先用手挤压滴管上的橡皮帽，排出滴管中的空气，然后轻轻伸入离心管清液中，慢慢减小对橡皮帽的挤压力，清液就被吸入滴管。随着离心管中清液液面的下降，滴管应逐渐下移。滴管末端接近沉淀时，操作要特别小心，勿使它接触沉淀。最后取出滴管，将清液放入接受容器内。

③沉淀的洗涤：如果要得到纯净的沉淀，必须对沉淀进行洗涤。为此，往盛沉淀的离心管中加入适量的蒸馏水或其他洗涤液，用细搅拌棒充分搅拌后，进行离心沉降，再用滴管吸出洗涤液。如此重复操作，直至洗净。

④沉淀的转移：如需将沉淀分成几份，可对洗净后的沉淀物加少许蒸馏水，用玻璃棒搅拌后，用滴管吸出浑浊液，转移到另一洁净的容器中。

2.2.6　物质的干燥

在化学实验中，有许多反应要求在无水条件下进行。如制备格氏试剂，在反应前要求卤代烃、乙醚绝对干燥，液体有机物在蒸馏前也要进行干燥，以防止水与有机物形成共沸物，或由于少量水与有机物在加热条件下可能发生反应而影响产品纯度；固体化合物在测定熔点及有机化合物进行波谱分析前也要进行干燥，否则会影响测试结果的准确性。因此干燥在化学实验中既是非常普遍又是十分重要的。

利用加热、冷冻、吸附、分馏、恒沸蒸馏等过程达到干燥的目的称为物理干燥法，常用于除去相对较大量水分或用于有机溶剂的干燥。利用干燥剂与水发生反应来除去水的干燥方法称为化学干燥法。化学干燥法使用的干燥剂又可分为两类:一类是能与水可逆地结合成水合物,因此可再生后反复使用,如无水 $CaCl_2$、无水 $CaSO_4$、无水 $MgSO_4$ 等;另一类干燥剂则与水反应生成新的化合物,如 P_2O_5、CaO、Na 等,此类干燥剂不能反复使用。

(1)干燥剂的选择和用量

①干燥剂不可与被干燥的物质发生化学反应,也不能溶解于其中。例如,碱性干燥剂不能用于干燥酸性物质;氯化钙易与醇、胺及某些醛、酮形成配合物;氧化钙、氢氧化钠等强碱性干燥剂能催化某些醛、酮的缩合及氧化等反应,使酯类发生水解反应等;氢氧化钠(钾)可显著溶解于低级醇。

②干燥剂的干燥容量越大,吸水越好。

③干燥剂的干燥速度和价格等。

常用干燥剂的性质和应用范围见表2-4。

表2-4 常用干燥剂的性质和应用范围

干燥剂	性质	适用化合物范围
浓硫酸	强酸性	烃、卤代烃
五氧化二磷	酸性	烃、卤代烃、醚
氢氧化钠(钾)	强碱性	烃、醚、氨、胺
金属钠	强碱性	烃、醚、叔胺
无水碳酸钠	碱性	醇、酮、酯、胺
氧化钙	中性	低级醇、胺
无水氯化钙	中性	烃、烯、卤代烃、酮、醚、硝基化合物
无水硫酸镁	中性	醇、酮、醛、酸、酯、卤代烃、酰胺、硝基化合物
3A、4A、5A 分子筛	中性	各类有机溶剂

干燥剂的用量可根据干燥剂的吸水容量和水在被干燥液体中的溶解度来估算。由于在萃取或水洗时难以把水完全分净,所以在一般情况下,干燥剂的实际用量都大于理论值。另外,对于极性物质和含亲水性基团的化合物,干燥剂需过量一些。但是,干燥剂的用量也不宜过多,因为干燥剂的表面吸附会造成产物的部分损失。通常根据具体情况和实际经验,选用适宜的用量。

(2)液体的干燥

选择合适的干燥剂,在不断振荡下使水被干燥剂吸收。用干燥剂干燥液体有机化合物,只能除去少量的水。若试样含有大量水,必须设法事先除去。如果对其要求不高,且水与液体有机化合物的沸点相差又较大时,可考虑用蒸馏或分馏的方法干燥。具体操作中应注意以下几点:

①干燥前应尽可能把液体中的水分净。

②干燥应在小口容器中进行。

③干燥剂的颗粒要大小适度,太大,表面积小,吸水缓慢;太细,又会吸附较多的被干燥液体,且难以分离。

④对于含水分较多的液体，干燥时常出现少量水层。必须将此水层分去或用吸管吸去，再补加一些新的干燥剂。加入适量干燥剂后，应摇荡片刻，然后加瓶塞静置。

⑤若发现干燥剂结块，或被干燥液体仍呈浑浊，则应补加干燥剂。若液体在干燥前呈浑浊，干燥后变澄清，则可认为已基本干燥。

⑥将已干燥的液体物质用倾滗法或通过塞有棉花的玻璃漏斗倒入干燥的容器中。

(3) 固体的干燥

①晾干：在空气中自然干燥。该法最为简便，适合干燥在空气中稳定而又不吸潮的固体物质。干燥时应把被干燥物放在干燥洁净的表面皿或滤纸上，摊成薄层，上盖滤纸。

②烘干：烘干可加快干燥速度，对熔点高且遇热不分解的固体，可用普通烘箱或红外干燥箱烘干。但必须控制好加热温度，以防样品变黄、熔化甚至分解、炭化。烘干过程中应经常翻动，以防结块。热稳定性差的试样通常在真空恒温干燥箱中进行干燥。

③干燥器干燥：易分解或易升华的固体不能采用加热的方式干燥，可置于干燥器内干燥。

干燥器内放何种干燥剂，需要根据被干燥物质和被除去溶剂的性质来确定。因不同的干燥剂具有不同的蒸气压，常根据被干燥物的要求加以选择。最常用的干燥剂有硅胶、氧化钙、无水氯化钙、浓硫酸等。硅胶是硅酸凝胶（组成可用通式 $x\mathrm{SiO_2} \cdot y\mathrm{H_2O}$ 表示），烘干除去大部分水后，得到白色多孔的固体，具有高度的吸附能力。为了便于观察，将硅胶放在钴盐溶液中浸泡，使之呈粉红色，烘干后变为蓝色。蓝色的硅胶具有吸湿能力，当硅胶变为粉红色时，表示已经失效，应重新烘干至蓝色。

(4) 气体的干燥

干燥气体常用的仪器有干燥管、U 形管、干燥塔（装固体干燥剂）、洗气瓶（装液体干燥剂）及冷阱（干燥低沸点气体）等。需根据气体的性质、数量、潮湿程度和干燥要求等来选择相应的干燥剂和仪器。干燥气体常用的干燥剂见表 2-5。

表 2-5 干燥气体常用的干燥剂

干燥剂	适于干燥的气体
无水 $CaCl_2$	H_2、N_2、CO_2、CO、O_2、SO_2、HCl、烷烃、烯烃、卤代烃
P_2O_5	H_2、N_2、CO_2、CO、O_2、SO_2、HCl、烷烃、乙烯
浓 H_2SO_4	H_2、N_2、CO_2、Cl_2、HCl、烷烃
CaO、NaOH、碱石灰	NH_3

用氯化钙、生石灰和碱石灰做干燥剂时，应选用较大的颗粒，以防其结块而堵塞气路。采用五氧化二磷等时，需要混入支撑物料，如玻璃纤维或浮石等。液体干燥剂的用量要适当，太多会因压力大而导致气体不易通过，太少则将影响干燥效果。如果对气体的干燥要求较高，可同时连接多个干燥器，各干燥器中放置相同或不同的干燥剂。另外，在气源和干燥装置之间或干燥装置和反应器之间必须装置安全瓶。

2.2.7 称量仪器及称量方法

准确称量物体的质量是化学实验中最基本的操作之一。由于不同实验对物体质量称量的准确度要求不一样，因此进行实验时就需要选用不同精确度的称量仪器。常用的有台天平、电光天平和电子太平。

(1)台天平

台天平也称作托盘天平,其结构如图2-30所示。它主要由横梁、指针、刻度盘、零点调节螺丝、游码、刻度尺和托盘构成。台天平的横梁架在天平座上,横梁左右有两个托盘。根据横梁中部的指针在刻度盘摆动的情况,可以看出台天平的平衡状态。台天平主要用于粗略的称量,能称准至0.1 g,有的台天平可准确至0.01 g。使用台天平称量时,可按下列步骤进行:

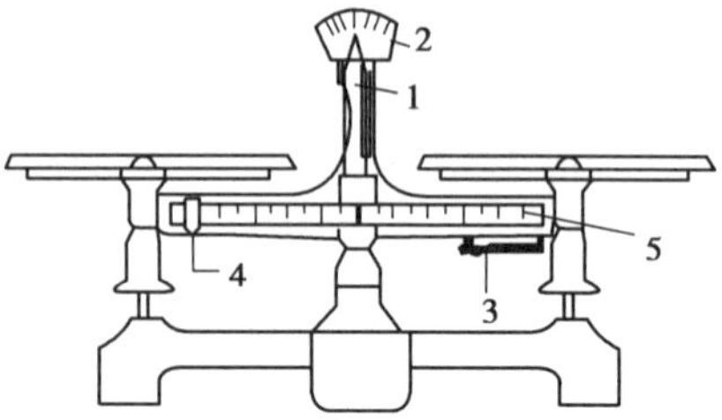

图2-30 台天平

1—指针;2—刻度盘;3—零点调节螺丝;4—游码;5—刻度尺

①零点调整:当托盘上不放任何物体和游码放在刻度尺的零处时,如指针不在刻度盘零点处,用零点调节螺丝调节零点。

②称量:零点调整好以后,将称量物放在左盘,砝码放在右盘。从大到小添加砝码,若称量物的质量在刻度标尺以内时,可移动标尺上的游码,直至指针指示在零点位置,记下砝码和游码的质量,即为称量物的质量。

称量时,称量物不能直接放在天平盘上称量以避免腐蚀天平盘,而应放在已知质量的纸或表面皿上,潮湿的或具腐蚀性的药品则应放在玻璃容器内。台天平不能称热的物质,也不能称量过重的物品(其质量不能超过台天平的最大称量值)。

③称量完毕,应把砝码放回盒内,把刻度尺的游码移到刻度“0”处,将天平打扫干净。

(2)电子天平

对定量分析实验,要求物体质量的称量准确到0.1 mg,这就需要选用精确度高的分析天平。

分析天平的种类很多,如半机械加码电光分析天平、全机械加码电光分析天平、单盘电光分析天平、电子天平等。近年来,随着电子技术的快速发展,电子天平以其方便快捷、价格合理的优势迅速淘汰了各种电光天平而成为分析天平的主角。

电子天平根据电磁力平衡原理,直接称量,全量程不需砝码。放上称量物后,在几秒钟内即达到平衡,显示读数,称量速度快,精度高。电子天平的支承点用弹性簧片取代机械天平的玛瑙刀口,用差动变压器取代升降枢装置,用数字显示代替指针刻度式。因而,电子天平具有使用寿命长、性能稳定、操作简便和灵敏度高的特点。此外,电子天平还具有自动校正、自动去皮、超载指示、故障报警等功能以及具有质量电信号输出功能,且可与打印机、计算机联用,进一步扩展其功能。由于电子天平具有机械天平无法比拟的优点,尽管其价格较贵,但也会越来越广泛地应用于各个领域并逐步取代机械天平。

电子天平按结构可分为上皿式和下皿式两种。称盘在支架上面为上皿式，称盘吊挂在支架下面为下皿式。目前，广泛使用的是上皿式电子天平。尽管电子天平种类繁多，但其使用方法大同小异，具体操作可参看各仪器的使用说明书。下面以梅特勒-托利多（上海）生产的 AB-204N 型电子天平为例，简要介绍电子天平的使用方法。AB-204N 型电子天平外观结构如图 2-31 所示。

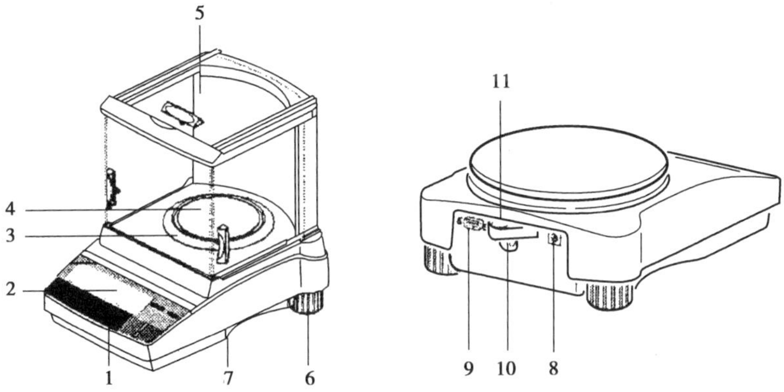

图 2-31　AB-204N 型电子天平外观结构图

1—操作键；2—显示屏；3—防风圈；4—秤盘；5—防风罩；6—水平调节脚；
7—用于下挂称量方式的挂钩（在天平底面）；8—交流电源适配器插座；
9—RS232C 接口；10—防盗锁连接环；11—水平泡

该系列天平具有两种操作方式：称量工作方式和菜单方式。天平操作键功能如图 2-32 所示。每个键的功能取决于选择哪种方式及按键时间的长短。

1）称量工作方式下的操作键功能

①On：单击键，开机。

②Off：按键并保持不放，关机（待机状态）。

③→O/T←：清零/去皮。

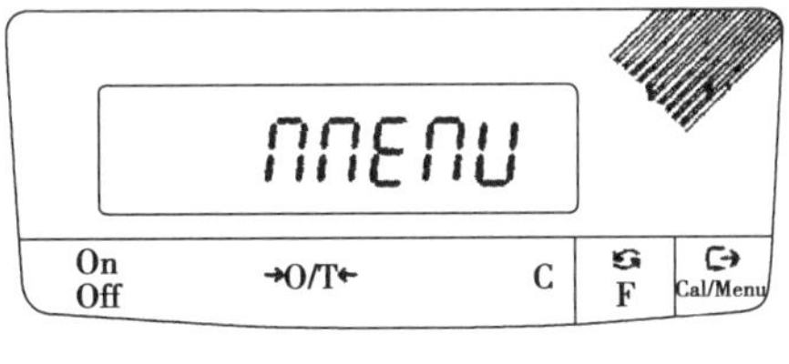

图 2-32　天平操作键功能

④C：删除功能。

⑤ ↻ ：单位转换。

⑥F：激活计件功能。

⑦⇨：通过接口传输数据（需要合适的配置）。

⑧Cal/Menu：按键保持不放，为校准功能；另一直按键直到 MENU 字样出现，为菜单。

2)菜单方式下的操作键功能

按 Cal/Menu 键,直到 MENU 字样出现,则转换到菜单模式。

①C:退出菜单(不保存退出)。

② :改变设置。

③:菜单选项。

④Cal/Menu:保存设置并退出。

3)电子天平操作

①预热:为了获得准确的称量结果,天平必须通电 20 ~ 30 min 以获得稳定的工作温度。

②开机/关机:开机,让秤盘空载并单击"On"键,天平显示自检(所有字段闪烁等),当天平回零时,就可以进行校准或称量了。关机,按住"Off"键直到显示出现"Off"字样,松开该键。

③校准:准备好校准用砝码;让天平空载;按住"Cal/Menu"键不放,直到天平显示出现"CAL"字样后松开该键,所需校准的砝码值会闪现。将校准砝置于杯盘中央;当"0.00 g"闪现时,移去砝码。当天平闪现"CAL done",接着又出现"0.00 g"时,天平的校准结束。天平又回到称量工作方式,等待称量。

④简单称量:将样品放在秤盘上;等待直到数值稳定后,读取称量结果。

⑤去皮称量:将空容器放在天平秤盘上;显示其重量值;去皮:单击→O/T←键;向空容器中加料,并显示净重值(如果将容器从天平上移去,去皮重量值会以负值显示,去皮重量将一直保留到再次按→O/T←键或天平关机)。

⑥称量结束后,若较短时间内还将使用天平(或其他人还将使用天平)一般不用按"OFF"键关闭显示器。实验全部结束后,关闭显示器,切断电源,若短时间内(例如 2 h 内)还将使用天平,可不必切断电源,再用时可省去预热时间。

若当天不再使用天平,应拔下电源插头。

2.2.8 试纸的使用

试纸能用来定性检验溶液的酸碱性,判断某些物质是否存在。常用的试纸有 pH 试纸(广泛和精密 pH 试纸)、碘化钾-淀粉试纸、醋酸铅试纸等。

试纸的使用方法:

①用试纸试验溶液的酸碱性时,将剪成小块的试纸放在表面皿或白色点滴板上,用玻璃棒蘸取待测溶液,接触试纸中部,试纸即被溶液湿润并变色,30 s 内将其与所附的标准色板比较,便可粗略确定溶液的 pH 值。不能将试纸浸泡在待测溶液中,以免造成误差和污染溶液。

②用试纸检查挥发性物质及气体时,先将试纸用蒸馏水润湿,粘在玻璃棒上,悬空放在气体出口处,观察试纸颜色变化。

③试纸要密闭保存,应该用镊子取用试纸。

2.3　常用仪器及使用方法

2.3.1　分光光度计

(1)吸收光谱原理

物质中分子内部的运动可分为电子的运动、分子内原子的振动和分子自身的转动,因此具有电子能级、振动能级和转动能级。当分子被光照射时,将吸收能量引起能级跃迁,即从基态能级跃迁到激发态能级。而 3 种能级跃迁所需能量是不同的,需用不同波长的电磁波去激发。电子能级跃迁所需的能量较大,一般为 1 ~20 eV,吸收光谱主要处于紫外及可见光区,这种光谱称为紫外及可见光谱。如果用红外线(能量为 1 ~0.025 eV)照射分子,此能量不足以引起电子能级的跃迁,而只能引发振动能级和转动能级的跃迁,得到的光谱为红外光谱。若以能量更低的远红外线(0.025 ~0.003 eV)照射分子,只能引起转动能级的跃迁,这种光谱称为远红外光谱。由于物质结构不同对上述各能级跃迁所需能量都不一样,因此对光的吸收也就不一样,各种物质都有各自的吸收光带,因而就可以对不同物质进行鉴定分析,这是分光光度法进行定性分析的基础。

根据朗伯-比耳定律:当入射光波长、溶质、溶剂以及溶液的温度一定时,溶液的吸光度和溶液层厚度及溶液的浓度成正比,若液层的厚度一定,则溶液的吸光度只与溶液的浓度有关。

$$T=\frac{I}{I_0} \tag{2-8}$$

$$E=-\lg T=\lg \frac{1}{T}=\varepsilon cl \tag{2-9}$$

式中　c——溶液浓度;

E——某一单色波长下的吸光度;

I_0——入射光强度;

I——透射光强度;

T——透光率;

ε——摩尔消光系数;

l——液层厚度。

在待测物质的厚度 l 一定时,吸光度与被测物质的浓度成正比,这就是光度法定量分析的依据。

(2)几种常见的分光光度计简介

1)722 型分光光度计

722 型分光光度计是用于在可见光范围内进行比色分析的一种仪器,是以碘钨灯为光源、衍射光栅为色散元件,数字显示式可见光分光光度计。面板结构如图 2-33 所示。其主要技术指标为:波长为 330 ~800 nm,波长精度为±2 nm,浓度直读范围为 0 ~2 000,吸光度测量范围为 0 ~1.999,透光率测量范围为 0% ~100%,光谱带宽为 6 nm,噪声为 0.5%(在 550 nm 处)。

722 型分光光度计的使用方法：

①开启电源，指示灯亮，仪器预热 20 min，将灵敏度旋钮调至“1”挡（放大倍率最小），选择开关置于“T”。

②打开试样室（光门自动关闭），调节透光率零点旋钮，使数字显示为“000.0”。

③将装有溶液的比色皿置于比色架中。

④旋动仪器波长手轮，把测试所需的波长调节至刻度线处。

⑤盖上样品室盖，将参比溶液比色皿置于光路中，调节透光率“100.0”旋钮，使数字显示 T 为“100.0”（若显示不到 100.0，则可适当增加灵敏度的挡数，同时应重复②，调整仪器到显示为“100.0”）。

⑥将被测溶液置于光路中，从数字表上直接读出被测溶液的透光率 T 值。

⑦吸光度的测量，参照步骤②、⑤，调整仪器的“000.0”和“100.0”，将选择开关置于“A”，旋动吸光度调零旋钮，使数字显示为“0.000”，然后移入被测溶液，显示值即为试样的吸光度。

⑧浓度的测量。选择开关由“A”旋至“C”，将已标定浓度的溶液移入光路，调节浓度旋钮，使数字显示为标定位，将被测溶液移入光路，即可读出相应的浓度值。

注意事项：为防止光电管疲劳，不测定时必须拉开比色皿暗箱盖，使光路切断，以延长光电管使用寿命；拿比色皿时，手指只能捏住比色皿的毛玻璃面，不要碰比色皿的透光面，以免污染。

清洗比色皿时，一般先用水冲洗，再用蒸馏水洗净。若比色皿被有机物污染，可用盐酸-乙醇混合液（1∶2）浸泡片刻，再用水冲洗。不能用碱溶液或氧化性强的洗涤液洗，以免损坏。也不能用毛刷清洗比色皿，以免损伤它的透光面。每次做完实验应立即洗净比色皿。比色皿外壁的水用擦镜纸或细软的吸水纸吸干，以保护透光面。

测量溶液吸光度时，一定要用被测溶液润洗比色皿内壁数次，以免改变被测溶液的浓度。在测定一系列溶液的吸光度时，通常都是从稀到浓的顺序测定，以减小测量误差。

在实际分析工作中，通常根据溶液浓度的不同，选用不同规格光径长度的比色皿，使溶液的吸光度控制在 0.2 ~ 0.7，以提高测定的准确度。

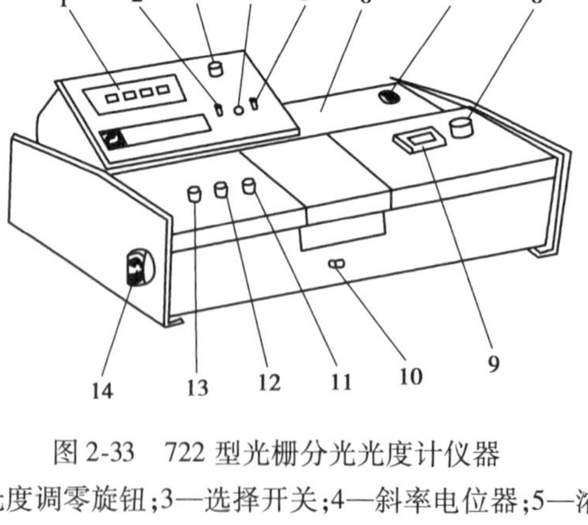

图 2-33　722 型光栅分光光度计仪器

1—数字显示器；2—吸光度调零旋钮；3—选择开关；4—斜率电位器；5—浓度旋钮；6—光源室；7—电源开关；8—波长旋钮；9—波长刻度盘；10—试样架拉手；11—100% T 旋钮；12—0% T 旋钮；13—灵敏度调节旋钮；14—干燥器

2)752 型分光光度计

752 型分光光度计为紫外光栅分光光度计,测定波长为 200 ~ 800 nm。其外部面板如图 2-34 所示。

使用方法如下:

①将灵敏度旋钮调到“1”挡(放大倍数最小)。

②打开电源开关,钨灯点亮,预热 30 min 即可测定。若需用紫外光则打开“氢灯”开关,再按氢灯触发按钮,氢灯点亮,预热 30 min 后使用。

③将选择开关置于“T”。

④打开试样室盖,调节“0%”旋钮,使数字显示为“0.000”。

⑤调节波长旋钮,选择所需测的波长。

⑥将装有参比溶液和被测溶液的比色皿放入比色皿架中。

⑦盖上样品室盖,使光路通过参比溶液比色皿,调节透光率旋钮,使数字显示为 100.0%(T)。如果显示不到 100.0%(T),可适当增加灵敏度的挡数。然后将被测溶液置于光路中,数字显示值即为被测溶液的透光率。

⑧若不需测透光率,仪器显示 100.0%(T)后,将选择开关调至“A”,调节吸光度旋钮,使数字显示为“000.0”。再将被测溶液置于光路后,数字显示值即为溶液的吸光度。

⑨若将选择开关调至“C”,将已知标定浓度的溶液置于光路,调节浓度旋钮使数字显示为标定值,再将被测溶液置于光路,则可显示出相应的浓度值。

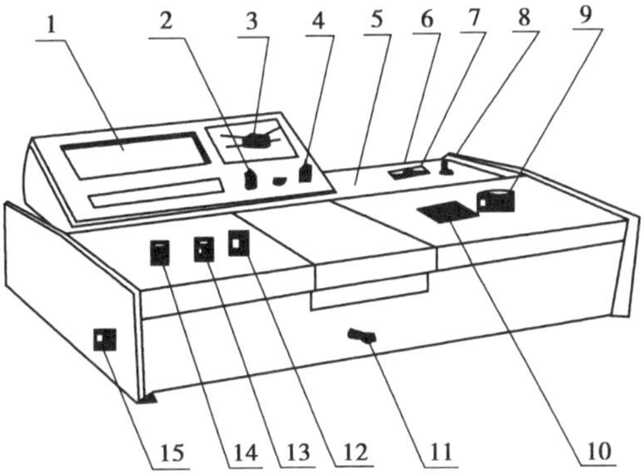

图 2-34　752 型分光光度计

1—数字显示器;2—吸光度调零旋钮;3—选择开关;4—浓度旋钮;5—光源室;6—电源室;7—氢灯电源开关;8—氢灯触发按钮;9—波长手轮;10—波长刻度窗;11—试样架拉手;12—100% T 旋钮;13—0% T 旋钮;14—灵敏度旋钮;15—干燥器

使用时应注意如下事项:

①测定波长在 360 nm 以上时,可用玻璃比色皿;波长在 360 nm 以下时,要用石英比色皿。比色皿外部要用吸水纸吸干,不能用手触摸光面的表面。

②仪器配套的比色皿不能与其他仪器的比色皿单个调换。如需增补,应经校正后方可使用。

③开关样品室盖时,应小心操作,防止损坏光门开关。

④不测量时,应使样品室盖处于开启状态,否则会使光电管疲劳,数字显示不稳定。

⑤当光线波长调整幅度较大时,需等数分钟后才能工作。因光电管受光后,需要有一段

响应时间。

⑥仪器要保持干燥、清洁。

2.3.2 电导率仪

电导率仪是实验室测量水溶液电导率必备的仪器，若配合适当常数的电导电极，还可以用于测量电子、半导体、核能工业和电厂纯水或超纯水的电导率。

(1)工作原理

在电解质溶液中，带电的离子在电场的作用下，会定向运动产生电流，因此具有导电作用。为测量其导电能力，可用两个平行板电极插入溶液中，溶液的电阻 R 与两极间距离 l 成正比，与电极面积 A 成反比，比例系数即电阻率为 ρ，即 $R=\rho(l/A)$。

溶液导电能力的强弱可用电导 G 表示，是电阻的倒数，其单位为西门子，以符号 S 表示，电阻率 ρ 的倒数称为电导率，用希腊字母 K 表示，其单位为 $S \cdot m^{-1}$ 或 $S \cdot cm^{-1}$，它们具有如下关系：

$$G=k\frac{A}{l} \tag{2-10}$$

即

$$k=\frac{l}{RA} \tag{2-11}$$

对于一个给定的电导池，l/A 为定值，称为电导池常数，用 K_{cell} 表示，则式(2-11)可写为 $K=K_{cell}/R$(单位为 $S \cdot m^{-1}$，S 为欧姆的倒数)。在工程上因 $S \cdot m^{-1}$ 这个单位太大而采用较小单位，如：$\mu S \cdot cm^{-1}$ 或 $mS \cdot cm^{-1}$，显然，$1\ S \cdot m^{-1}=10\ mS \cdot cm^{-1}$，$1\ S \cdot m^{-1}=10^4\ \mu S/cm$。

(2)电导率仪及使用方法

目前化学实验室广泛使用的电导率仪有 DDS-11 型、DDS-307 电导率仪，下面仅对 DDS-307 型电导率仪的操作方法作较详细介绍。

DDS-307 型数字式电导率仪适用于测定一般液体的电导率，若配用适当的电导电极，还可用于电子工业、化学工业、制药工业、核能工业、电站和电厂测量纯水或高纯水的电导率，且能满足蒸馏水、饮用水、矿泉水、锅炉水纯度测定的需要。

DDS-307 型数字式电导率仪前后面板如图 2-35 所示。

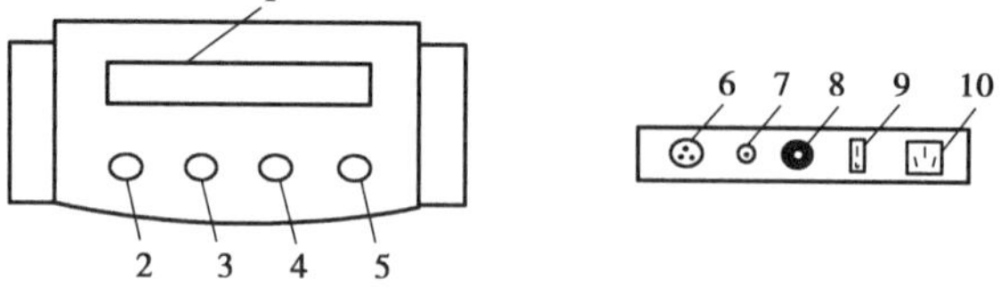

(a)前面板　　(b)后面板

图 2-35　DDS-307 型电导率仪前、后面板示意图

1—显示屏；2—量程选择开关旋钮；3—常数补偿调节旋钮；4—校准调节旋钮；5—温度补偿调节旋钮；6—电极插座；7—输出插口；8—保险丝；9—电源开关；10—电源插座

使用方法：

①开机：将电源线插入仪器电源插座，按电源开关，接通电源，预热30 min后，进行校准。

②校准：将“选择”开关量程选择开关旋钮指向“检查”，并将“常数”补偿调节旋钮指向“1”刻度线，“温度”补偿调节旋钮指向“25”刻度线，调节“校准”调节旋钮，使仪器显示100.0 $\mu S \cdot cm^{-1}$，至此校准完毕。

③设置电极常数：目前电导电极的电极常数为0.01、0.1、1.0、10等4种不同类型，每种类型电极的具体电极常数值，制造厂均粘贴在每支电导电极上。设置时，根据电极上所标的电极常数值调节仪器面板“常数”补偿调节旋钮，到显示值与电极上所标数值一致的位置。设置方法如下：

若电极常数为0.010 25 cm^{-1}，则调节“常数”补偿调节旋钮使仪器显示值为102.5（测量值=读数值×0.01）；

若电极常数为0.102 5 cm^{-1}，则调节“常数”补偿调节旋钮，使仪器显示为102.5（测量值=读数值×0.1）；

若电极常数为1.025 cm^{-1}，则调节“常数”补偿调节旋钮，使仪器显示为102.5（测量值=读数值×1）；

若电极常数为10.25 cm^{-1}，则调节“常数”补偿调节旋钮，使仪器显示为102.5（测量值=读数值×10）。

调节仪器面板上“温度”补偿调节旋钮，使其指向待测溶液的实际温度值，此时，测量得到的将是待测溶液经过温度补偿后折算为25 ℃下的电导率值；如果将“温度”补偿调节旋钮指向“25”刻度线，那么测量的将是待测溶液在该温度下未经补偿的原始电导率值。

常数、温度补偿设置完毕，应将量程选择开关旋钮，按表2-6置于合适位置。当测量过程中，显示值熄灭时，说明测量值超出量程范围，此时，应切换量程选择开关旋钮至上一挡量程。

表2-6　量程范围

序号	选择开关位置	量程范围/（$\mu S \cdot cm^{-1}$）	被测电导率/（$\mu S \cdot cm^{-1}$）
1	Ⅰ	0～20.0	显示读数×C
2	Ⅱ	20.0～200.0	显示读数×C
3	Ⅲ	200.0～2 000	显示读数×C
4	Ⅳ	2 000～20 000	显示读数×C

注：C为电导电极常数类型值：0.01、0.1、1.0或10。

注意事项：

①因温度补偿系采用固定的2%的温度系数补偿的，故对高纯水测量尽量采用不补偿方式进行测量后查表。

②为确保测量精度，电极使用前应用蒸馏水（或去离子水）冲洗2次，然后用被测试样冲洗3次方可测量。

③电极插头座绝对防止受潮，以免造成不必要的测量误差。

④电极应定期进行常数标定。

2.3.3　酸度计

酸度计又称 pH 计，是一种通过测量电势差的方法来测定溶液 pH 的仪器，除可以测量溶液的 pH 外，还可以测量氧化还原电对的电极电势值（mV）及配合电磁搅拌进行电位滴定等。实验室常用的酸度计有雷磁 25 型、pHs-2 型、pHs-3 型等。pH 计的测量精度及外观和附件改进很快，各种型号仪器的结构和精度虽有不同，但基本原理和组成相同，大致为电极与被测溶液、信号处理系统、电流表。

（1）电极种类

不同类型的酸度计都是由测量电极、参比电极和精密电位计 3 部分组成。两个电极插入待测溶液组成电池，参比电极作为标准电极提供标准电极电势，测量电极（指示电极）的电极电势随 H^+ 的浓度而改变。因此，当溶液中的 H^+ 浓度变化时，电动势就会发生相应变化。

1）参比电极

酸度计最常用的参比电极是饱和甘汞电极，其组成与电极反应表示如下：

$$Pt \mid Hg(l) \mid Hg_2Cl_2(s) \mid KCl(饱和)：Hg_2Cl_2+2e^- \longrightarrow 2Hg+2Cl^-$$

饱和甘汞电极的结构如图 2-36 所示。它是在电极玻璃管内装有一定浓度的 KCl 溶液（如饱和 KCl 溶液），溶液中装有一个作为内部电极的玻璃管，此管内封接一根铂丝插入汞中，汞下面是汞和甘汞混合的糊状物，底端有多孔物质与外部 KCl 溶液相通。甘汞电极下端也是用多孔玻璃砂芯与被测溶液隔开，但能使离子传递。在一定温度下，甘汞电极的电极电势不受待测溶液的酸度影响，不论被测溶液的 pH 值如何，均保持恒定值。如在 25 ℃时，电极内为饱和 KCl 溶液（称为饱和甘汞电报），甘汞电极的电极电势值为 0.241 5 V。

当温度为 $t_温$ ℃时，该电极的电极电势 Φ 可用下式计算：

$$\Phi(Hg_2Cl_2/Hg)=0.241\ 5-6.5\times10^{-4}(t_温-25) \tag{2-12}$$

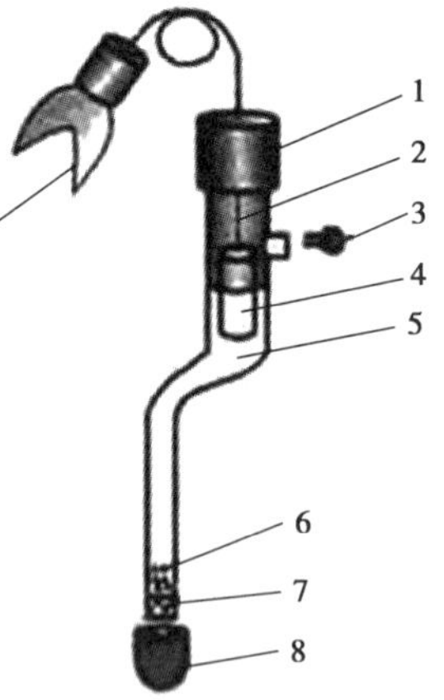

图 2-36　饱和甘汞电极构造示意图

1—胶木帽；2—铂丝；3—小橡皮塞；4—汞、甘汞内部电极；5—饱和氯化钾溶液；
6—氯化钾晶体；7—陶瓷芯；8—橡皮帽；9—电极引线

2）玻璃电极

酸度计的测量电极（或传感电极）一般为玻璃电极，其结构如图 2-37 所示。玻璃电极的外壳用高阻玻璃制成，头部球泡由特殊的敏感玻璃薄膜（厚度约为 0.1 mm）制成，称为电极膜,是电极的主要部分。它仅对氢离子有敏感作用,是决定电极性能的最重要的组成部分。玻璃球内装有 0.1 mol/L HCl 内参比溶液,溶液中插有 1 支 Ag-AgCl 内参比电极。将玻璃电极浸入待测溶液内,便组成下述电极:

$$Ag \mid AgCl(s) \mid HCl(0.1\ mol/L) \mid 玻璃 \mid 待测溶液$$

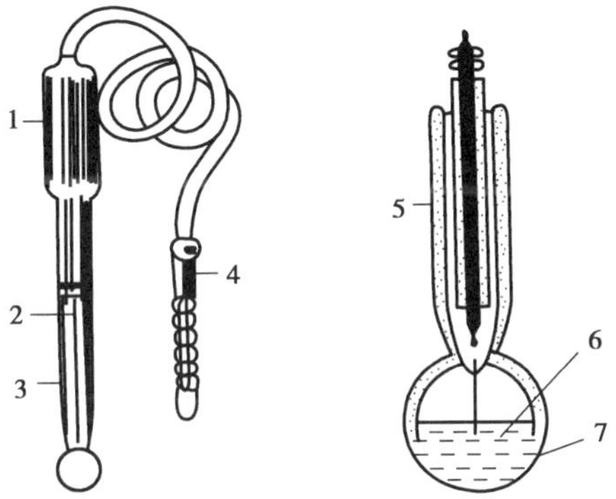

图 2-37　玻璃电极

1—电极帽;2—内参比电极;3—缓冲溶液;4—电极插头;5—高阻玻璃;6—内参比溶液;7—玻璃膜

玻璃膜把两个不同 H^+浓度的溶液隔开,在玻璃-溶液接触界面之间产生一定的电势差。由于玻璃电极中内参比电极的电势是恒定的,所以在玻璃与溶液接触面之间形成的电势差就只与待测溶液的 pH 值有关,即: 25 ℃时,

$$\varphi(玻璃)=\varphi^{\ominus}(玻璃)-0.059\,2\times pH \qquad (2\text{-}13)$$

玻璃电极只有浸泡在水溶液中才能显示测量电极的作用,所以在使用前必须先将玻璃电极在蒸馏水中浸泡 24 h 进行活化,测量完毕后仍需浸泡在蒸馏水中。长期不用时,应将玻璃电极放入盒内保存。

玻璃电极使用方便,可以测定有色的、浑浊的或胶体溶液的 pH 值。测定时不受溶液中氧化剂或还原剂的影响,所用试剂量少,而且测定操作不对试液造成破坏,测定后溶液仍可正常使用。但是,玻璃电极头部球泡非常薄,容易破损,使用时要特别小心。长时间存放容易老化出现裂纹,因此需要定时维护。如果测量强碱性溶液的 pH 值,测定时操作要快,用完后立即用水洗涤玻璃球泡,以免玻璃膜被强碱腐蚀。

3)复合电极

为了使用方便,现在经常使用 pH 复合电极测量溶液的 pH 值。pH 复合电极是传感电极和参比电极的复合体,即将上述的甘汞电极和玻璃电极复合到一起。

复合电极是由玻璃电极和 Ag-AgCl 参比电极合并制成的,电极的球泡是由具有氢功能的锂玻璃熔融吹制而成,呈球形,膜厚 0.1 mm 左右。电极支持管的膨胀系数与电极球泡玻璃一致,由电绝缘性能优良的铝玻璃制成。内参比电极为 Ag-AgCl 电极。内参比溶液是零电位等于7 pH 的含有 Cl^-的电解质溶液,这种溶液是中性磷酸盐和 KCl 的混合溶液。外参比电极为 Ag-AgCl 电极,外参比溶液为 3.3 mol/L 的 HCl 溶液,经 AgCl 饱和,加适量琼脂,使溶液呈凝胶状而固定之。液接面是沟通外参比溶液和被测溶液的连接部件,其电极导线为聚乙烯金属屏蔽线,内芯与内参比电极连接,屏蔽层与外参比电极连接。

(2)测定原理

将玻璃电极与参比电极(甘汞电极)同时浸入待测溶液中组成电池,用精密电位计测该电

池的电动势。在 25 ℃时，

$$E=\varphi_{+}-\varphi_{-}=0.2415-\varphi^{\ominus}(\text{玻璃})+0.0592\times \text{pH} \tag{2-14}$$

对于给定的玻璃电极，$\varphi^{\ominus}$（玻璃）是一定的，它可由测定一个已知 pH 值的标准缓冲溶液的电动势而求得。因此，只要测定待测溶液的电动势 E，就可根据上式计算出该溶液的 pH 值。为了省去计算，酸度计把测定的电动势直接用 pH 刻度表示出来，因而在酸度计上可以直接读出溶液的 pH 值。

(3)酸度计的使用方法

下面主要以精密 pHS-3C 型酸度计为例，说明酸度计的使用方法，其他类型的酸度计可以参考其使用说明书。

pHS-3C 型酸度计前、后面板的示意图如 2-38 所示。

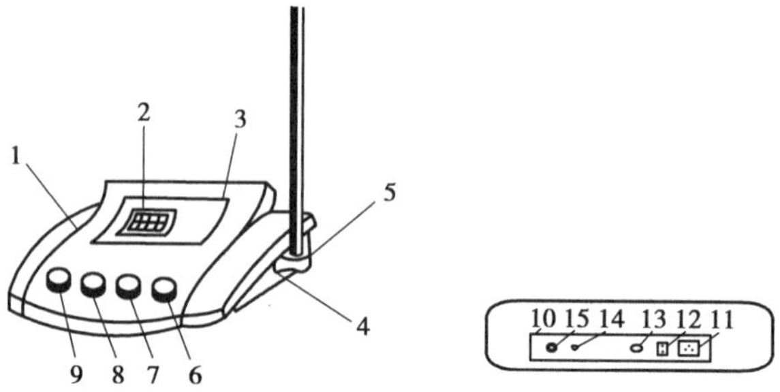

(a)前面板　　(b)后面板

图 2-38　pHS-3C 型酸度计前、后面板示意图

1—机箱外壳；2—显示屏；3—面板；4—机箱底；5—电极杆插座；6—定位调节旋钮；7—斜率补偿调节旋钮；8—温度补偿调节旋钮；9—选择开关旋钮；10—仪器后面板；11—电源插座；12—电源开关；13—保险丝；14—参比电极接口；15—测量电极插座

1)操作步骤

①开机前准备：

a. 将复合电极插入电极插座，调节电极夹至适当位置；

b. 小心取下复合电极前端的电极套，用去离子水清洗电极后用滤纸吸干。

②打开电源开关，预热 20 min。

③仪器标定。

a. 将选择开关旋钮“9”旋至 pH 挡；调节温度补偿旋钮“8”，使旋钮上的白线对准溶液温度值。把斜率调节旋钮“7”顺时针旋到底（即旋到 100% 位置）。

b. 将清洗过的电极插入 pH=6.86 的缓冲溶液中，调节定位旋钮“6”，使仪器显示读数与该缓冲溶液在当时温度下的 pH 值一致。

c. 用去离子水清洗电极后再插入 pH=4.00（或 pH=9.18）的标准缓冲溶液中，调节斜率旋钮“7”，使仪器的显示读数与该缓冲溶液在当时温度下的 pH 值一致。

d. 重复 b、c 操作，直至不用再调节定位或斜率旋钮为止。

④测定。用去离子水清洗电极并用滤纸吸干，将电极进入待测溶液中，显示屏上的读数即为被测溶液的 pH 值。

2)注意事项

①防止仪器与潮湿气体接触。潮气的浸入会降低仪器的绝缘性,使其灵敏度、精确度、稳定性都降低。

②玻璃电极小球的玻璃膜极薄,容易破损。切忌与硬物接触。

③玻璃电极的玻璃膜不要沾上油污,如不慎沾有油污可先用四氯化碳或乙醚冲洗,再用酒精冲洗,最后用蒸馏水洗净。

④甘汞电极的氯化钾溶液中不允许有气泡存在,其中有极少结晶,以保持饱和状态。如结晶过多,毛细孔堵塞,最好重新灌入新的饱和氯化钾溶液。

如酸度计指针抖动严重或显示的读数紊乱,应考虑更换电极。

（袁小亚　严春蓉）

第 3 章
基本操作技能及化学原理实验

实验 3.1　酒精喷灯的使用和简单玻工操作（3 h）

一、实验目的

1. 了解酒精喷灯的构造，学会酒精喷灯的正确使用方法。
2. 了解正常火焰各部分温度的高低。
3. 练习玻璃棒和玻管的截断、弯曲、拉细以及滴管的制作等基本操作。

二、实验原理

有关酒精喷灯的构造、火焰性质、使用方法参见第 2 章。

三、仪器与试剂

酒精喷灯、玻璃棒、玻璃管、三角锉刀或砂轮片、石棉网、硬纸片、滴头、火柴。

四、实验内容

1. 酒精喷灯的使用

（1）酒精喷灯的类型

常用的酒精喷灯有座式和挂式两种，参见第 2 章图 2-8。座式喷灯的酒精贮存在灯座内，挂式喷灯的酒精贮存罐悬挂于高处。酒精喷灯的火焰温度可达 1 000 ℃左右。

（2）酒精喷灯的点燃及火焰的调节

在酒精喷灯的灯壶中加入酒精。关小灯管的空气入口，在预热盆中加满酒精并点燃预热铜质灯管；待盆中酒精将近燃完时，灯管炽热后，开启灯管上的开关（逆时针转）调节灯的空气进入量；来自贮罐的酒精在灯管内受热气化，与来自气孔的空气混合；这时预热盆火焰自动点燃管口气体（或用火柴点燃），就产生高温火焰；调节开关阀来控制火焰的大小。用毕后，旋紧喷灯管（座）上的开关，同时用小木板盖住灯管口隔绝空气（挂式喷灯关闭酒精贮罐下的活栓)就能使灯焰熄灭。

2. 简单的玻璃加工操作

(1)截断

将玻璃管(玻璃棒)平放桌面边缘上,按住要截断的地方,用锉刀的棱边靠着拇指按住的位置,用力由外向内挫出一道稍深的锉痕,如图3-1所示,锉时应向一个方向略用力拉锉,不要来回乱锉。锉痕应与玻璃管垂直,这样折断后玻璃管的截面才是平整的。然后双手持玻璃管,锉痕向外,两拇指顶住锉痕的背后轻轻向前推,同时两手朝两边稍用力一拉,如锉痕深度合适,玻璃管即可折断(图3-2)。如折断困难,可在原锉痕再锉一下,重新折断。

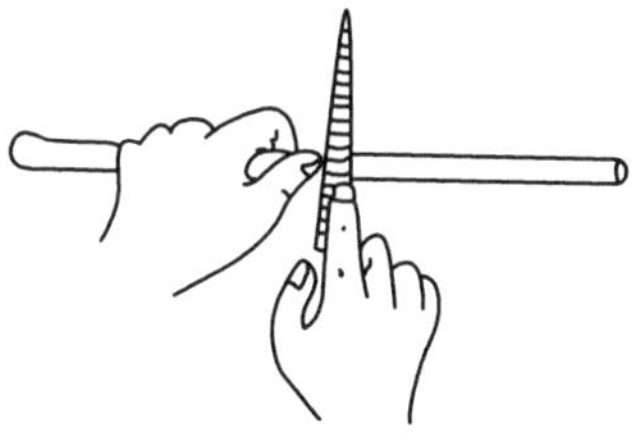

图3-1　截玻璃管

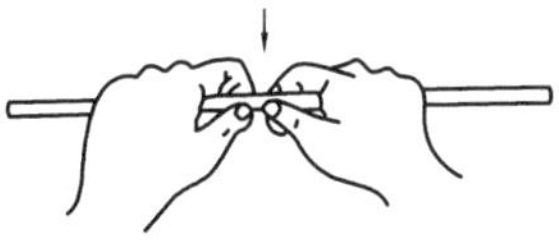

图3-2　折断玻璃管

(2)熔烧

玻璃管的截面很锋利,容易把手割破和割裂橡皮管,也难以插入塞孔内,所以必须熔烧圆滑。把玻璃管的截断面斜插入氧化焰中,不断地来回转动玻璃管,使断口各部分受热均匀(图3-3)。直到受热处发红,先移至火焰附近转动一会,使红热部分慢慢冷却,再放在石棉网上冷至室温。灼热的玻璃管不能直接放在桌面上,以免烧焦桌面。

玻璃棒的截断面也需用同法熔烧后使用。

熔烧时间不能过长,否则会使玻璃管断口收缩变小甚至封死,玻璃棒则会变形。

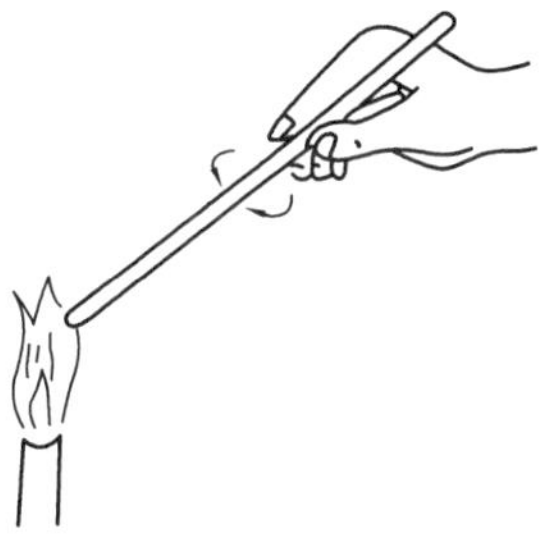

图3-3　熔烧玻璃管

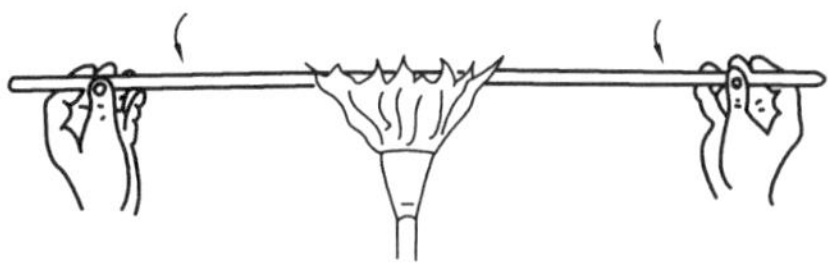

图3-4　加热玻璃管

(3)弯曲

先将玻璃管用小火预热一下。然后双手持玻璃管,把要弯曲的地方斜插入氧化焰内,以增大玻璃管的受热面积(也可以在煤气灯上罩个鱼尾灯头,以扩大火焰,增大玻璃管受热面积),要缓慢而均匀地向一个方向转动玻璃管,两手转速要一致,用力要均等,以免玻璃管在火焰中扭曲,如图3-4所示。加热到玻璃管发黄变软但未自动变形前,即可自火焰中取出,稍等1~2 s,使热量扩散均匀,再把它弯成一定的角度。使玻璃管的弯曲部分在两手中间的下方,这样可同时利用玻璃管变软部分自然下坠的力量。

较大的角度可以一次弯成;较小的角度可以分几次弯成。先弯成一个较大的角度,然后在第 1 次受热部位稍偏左或稍偏右处进行第 2 次、第 3 次加热和弯曲,直到弯成所要求的角度。

弯曲时应注意使整个玻璃管在同一平面上。不能用力过猛,否则会使玻璃管弯曲处直径变小或折叠、扁塌。玻璃管弯好后置石棉网上自然冷却。

(4)拉伸

拉伸受热变软的玻璃管(或玻璃棒)可使它们变细。加热方法与弯玻璃管时基本相同,不过要烧得更软一些,玻璃管应烧到红黄色稍有下凹时才能从火焰中取出,顺着水平方向边拉边来回转动,拉开至一定细度后,手持玻璃管,使它垂直下垂。冷却后,可按需要截断,即得到两根一端有尖嘴的玻璃管。

3. 按以上操作制作以下常用实验用具

(1)制作搅拌棒,玻璃钉

截取 1 根长约 150 mm、直径 4 ~5 mm 的玻璃棒,断口熔烧至圆滑。

制作 1 根长约 130 mm 的玻璃钉搅拌棒。

(2)弯曲玻璃管

截取 1 根长约 200 mm 的玻璃管,在它长度的 1/3 处弯成 90°。

(3) 制作滴管

制作 1 根长约 150 mm、尖嘴直径 1.5 ~2.0 mm 的滴管。

熔烧滴管小口时要注意稍微烧一下即可,否则尖嘴会收缩,甚至封死。滴管粗的一端截面烧熔后,立即垂直地在石棉网上轻轻地压一下,使管口变厚。冷却后套上橡皮帽,即制成滴管。

五、思考题

1. 为什么酒精喷灯灯管被烧热? 怎样避免?
2. 加热时器皿应放在火焰的什么位置最好?

(牟元华)

实验 3.2　电子分析天平的使用及称量练习 (3 h)

一、实验目的

1. 了解电子分析天平的构造、性能及使用规则,掌握电子分析天平的使用方法。
2. 学会正确的称量方法,初步掌握减量法的称量方法。
3. 正确运用有效数字作称量记录和计算。

二、实验原理

本实验采用电子分析天平,物体质量可以精确称量到 0.1 mg,根据待称物质的性质不同,可采用直接称量法和减量称量法。

1. 直接称量法

对于不易吸湿、在空气中性质稳定的一些固体样品如金属、矿物等可采用直接称量法。其方法是：先称出表面皿（或小烧杯、称量纸等）的质量 m_1，然后去皮，面板显示为 0.000 0 g，用药匙将一定量的样品置于表面皿上，如图 3-5 所示，再准确称量出总质量 m_2，则 m_2 即为样品的质量。称量完毕，将样品全部转移到准备好的容器中。

2. 减量称量法

对于易吸湿、在空气中不稳定的样品宜用减量法进行称量。其方法是：先将待称样品置于洗净并烘干的称量瓶中，保存在干燥器中。称量时，从干燥器中取出称量瓶，准确称量，装有样品的称量瓶质量为 m_3，然后将称量瓶置于洗净的盛放试样的容器上方，用右手将瓶盖轻轻打开，将称量瓶倾斜，用瓶盖轻敲瓶口上方，使试样慢慢落入容器中（图 3-6）。当倾出的试样已接近所需要的质量时，慢慢将瓶竖起，再用称量瓶瓶盖轻敲瓶口上部，使粘在瓶口和内壁的试样落在称量瓶或容器中，然后盖好瓶盖（上述操作都应在容器上方进行，防止试样丢失），将称量瓶再放回天平盘，准确称量，记下质量 m_4 则（$m_3 - m_4$）即为样品的质量。如此继续进行，可称取多份试样。

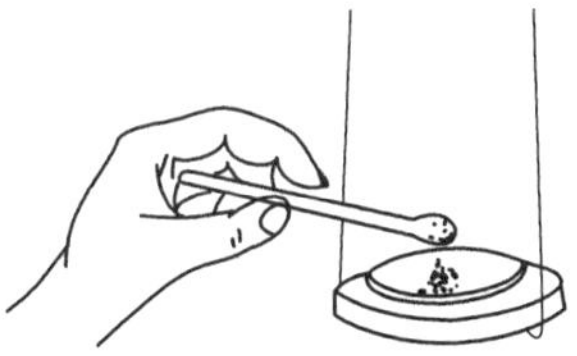

图 3-5　直接称量法

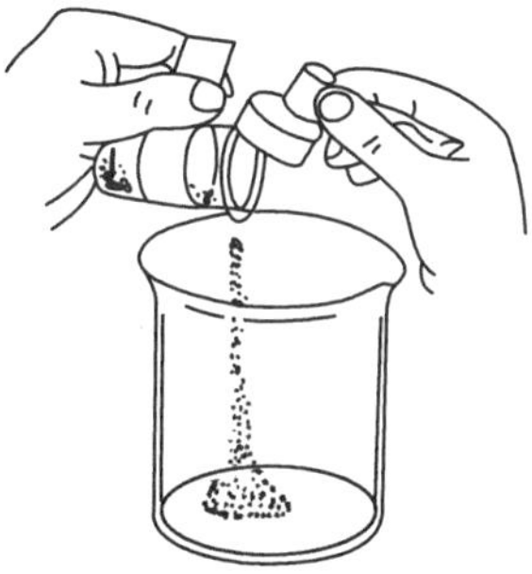

图 3-6　倾倒试样的方法

三、仪器与试剂

1. 仪器

电子天平，称量瓶，烧杯（50 cm^3），表面皿，药匙。

2. 试剂

粉末试样（不吸湿，在空气中性质稳定）。

四、实验内容

1. 熟悉电子天平的结构

①熟悉电子天平的结构。

②熟悉电子天平各功能键的功能。

2. 电子天平称量练习

（1）用直接称量法称取 0.5 g 固体粉末

①将电子天平调零。

②取 1 个洁净、干燥的小烧杯于电子天平内，读数稳定后，按去皮键。

③用药匙加入约0.5 g的试样后，关闭好天平，记录其质量为 m，取出小烧杯。

(2)用差减法准确称量0.5 g固体粉末

①准确称量1个洁净、干燥的小烧杯的质量 m_1 和装有粉末试样的称量瓶，记录其质量为 m_2。

②取出称量瓶，按图3-6的操作，将试样慢慢倾入1个洁净、干燥的小烧杯中，要求倾出约0.5 g试样。然后，再准确称出称量瓶和剩余试样的质量，记为 m_3，倾出的试样质量应为(m_2-m_3)。

倾样时，由于初次称量，缺乏经验，很难一次称准所要求的试样量，因此在步骤(2)可以多次重复倾出试样，直至(m_2-m_3)接近0.5 g。即第一次倾出少量试样，并在分析天平上称出此量，根据粗称的量估计不足的量为倾出量的几倍，继续倾出试样至所需的量，并准确称量 m_3。

③在分析天平上精确称量装有试样的小烧杯，记录其质量为 m_4。小烧杯中的试样质量应为(m_4-m_1)。试对比(m_4-m_1)与(m_2-m_3)之值。

实验完毕后，关闭天平，将称量瓶放入干燥器内。

五、实验数据记录与处理

电子天平称量数据填入表3-1。

表3-1　电子天平称量数据表

称量项目	称物质量
试样1	$m=$　　　g
称量瓶+试样(倾出前)	$m_2=$　　　g
称量瓶+试样(倾出后)	$m_3=$　　　g
试样2-1	$m_2-m_3=$　　　g
小烧杯	$m_1=$　　　g
小烧杯+试样	$m_4=$　　　g
试样2-2	$m_4-m_1=$　　　g
称量误差	$(m_4-m_1)-(m_2-m_3)=$　　　g

六、思考题

1. 直接称量法和减量称量法各有何不同？各适宜于什么情况下选用？

2. 用减量称量法称样时，若称量瓶内的试样吸湿，对称量结果造成什么误差？若试样倾入烧杯后再吸湿，对称量是否有影响？为什么？(此问题是指一般的称量情况。)

(严春蓉　汤琪)

实验 3.3　溶液的配制与标定(3 h)

一、实验目的

1. 学会配制一定浓度的标准溶液的方法。
2. 进一步练习天平、滴定管、容量瓶、移液管的使用。
3. 初步掌握酸碱指示剂的选择方法。

二、实验原理

根据溶液所含溶质是否确知,溶液可分为两种,一种是浓度准确已知的溶液,称为标准溶液,这种溶液的浓度可准确表示出来(有效位数一般为 4 位或 4 位以上)。另一种浓度不是确知的,称为一般溶液,这种溶液的浓度一般用 1 ~ 2 位有效数字表示出来。

配制标准溶液的方法有两种:

①直接法:准确称量一定的某些基准物质,用少量的水溶解,移入容量瓶中直接配成一定浓度的标准溶液。用直接法配制溶液必须要用基准物质配制,作为基准物质必须符合以下要求:

a. 物质的组成与化学式相符,若含结晶水,例如 $H_2C_2O_4 \cdot 2H_2O$,其结晶水的含量也应与化学式相符;

b. 试剂应稳定、纯净,要使用分析纯以上的试剂;

c. 基准物参加反应时,应按反应式定量进行。

另外,基准物质最好有较大的摩尔质量,这样,配制一定浓度的标准溶液时,称取基准物较多,称量相对误差较小。常用的基准物质有草酸、氯化钠、无水碳酸钠、重铬酸钾等。

②标定法:浓盐酸因含有杂质而且易挥发,氢氧化钠因易吸收空气中水分和 CO_2,因此它们均非基准物质,因而不能直接配置成标准溶液,它们溶液的准确浓度需要先配制成近似浓度的溶液,然后用其他基准物质进行标定。

滴定终点可借助指示剂的颜色变化来确定。一般强碱滴定酸时,常以酚酞为指示剂;而强酸滴定碱时,常以甲基橙为指示剂。

用 $H_2C_2O_4 \cdot 2H_2O$ 标定 NaOH 溶液,反应方程式如下:

$$2NaOH+H_2C_2O_4 = Na_2C_2O_4+2H_2O$$

由反应可知,1 mol $H_2C_2O_4 \cdot 2H_2O$ 和 2 mol NaOH 完全反应,达等量点时,溶液呈碱性,可选用酚酞作指示剂。

三、仪器与试剂

1. 仪器

台秤,分析天平,10 cm^3 量筒 1 支,50 cm^3 碱式滴定管 1 支,50 cm^3 酸式滴定管 1 支,250 cm^3 锥形瓶 3 个,带玻璃塞和胶塞的 500 cm^3 试剂瓶各 1 个,容量瓶 100 cm^3 1 个,25 cm^3 移液管 1 支。

2. 试剂

浓 HCl，NaOH(s)，$H_2C_2O_4 \cdot 2H_2O(s)$，酚酞指示剂。

四、实验内容

1. 一般溶液的配制

(1)0.1 mol/L HCl 溶液的配制

用洁净的 10 cm^3 量筒量取浓盐酸 4.5 cm^3，倒入事先已加入少量蒸馏水的 500 cm^3 洁净的试剂瓶中，用蒸馏水稀释至 500 cm^3，盖上玻璃塞，摇匀，贴好标签。

(2)0.1 mol/L NaOH 溶液的配制

用洁净的 10 cm^3 量筒量取 4.0 cm^3 50% 的 NaOH 上清液，倒入 500 cm^3 洁净的试剂瓶中，用蒸馏水稀释至 500 cm^3，盖上橡胶塞，摇匀，贴好标签。

标签上写明：试剂名称、浓度、配制日期、专业、姓名。

2. 标准溶液的配制

(1)直接法

配制 0.05 mol/L 的草酸标准溶液：准确称取草酸($H_2C_2O_4 \cdot 2H_2O$)约 0.64 g(精确到 0.000 1 g)于小烧杯中，用少量蒸馏水溶解后定量转入 100 cm^3 容量瓶内，用少量水洗涤烧杯数次，洗液也全部转入容量瓶，定容，加水稀释至刻度，摇匀，计算草酸溶液的准确浓度。

(2)标定法

NaOH 溶液浓度的标定：

①取 1 支洗净的碱式滴定管，先用蒸馏水淋洗 3 遍，再用 NaOH 溶液淋洗 3 遍，每次都要将滴定管放平、转动，最后溶液从尖嘴放出。注入 NaOH 溶液到“0”刻度以上，赶走橡皮管和尖嘴部分的气泡，再调整管内液面的位置恰好在“0.00”刻度处。

②取 1 支洗净的 25 cm^3 吸管，用蒸馏水和标准草酸溶液各淋洗 3 遍。移取 25.00 cm^3 标准草酸溶液于洁净锥形瓶中，加入 2 ~3 滴酚酞指示剂，摇匀。

③右手持锥形瓶，左手挤压滴定管下端玻璃球处橡皮管，在不停地轻轻旋转摇荡锥形瓶的同时，以“连滴不成线、逐滴加入、液滴悬而不落”的顺序滴入 NaOH 溶液。碱液滴入酸中时，局部会出现粉红色，随着摇动，粉红色很快消失。当接近滴定终点时，粉红色消失较慢，此时每加 1 滴碱液都要摇动均匀。锥形瓶中出现的粉红色 30 s 内不消失，则可认为已达终点(在滴定过程中，碱液可能溅到锥形瓶内壁，因此快到终点时，应该用洗瓶冲洗锥形瓶的内壁，以减少误差)。记下滴定管中液面位置的准确读数。

④再重复滴定 2 次。3 次所用 NaOH 溶液的体积相差不超过 0.05 cm^3 即可取平均值计算 NaOH 溶液的浓度。

五、实验数据记录与处理

1. 根据下式计算 $H_2C_2O_4 \cdot 2H_2O$ 溶液浓度：

$$c(H_2C_2O_4 \cdot 2H_2O)=\frac{m(H_2C_2O_4 \cdot 2H_2O)}{V(H_2C_2O_4 \cdot 2H_2O)\times M(H_2C_2O_4 \cdot 2H_2O)} \tag{3-1}$$

式中 $m(H_2C_2O_4 \cdot 2H_2O)$—— 准确称取的 $H_2C_2O_4 \cdot 2H_2O$ 的质量，g；

$V(H_2C_2O_4 \cdot 2H_2O)$——所配制溶液的体积，dm^3；

$M(H_2C_2O_4 \cdot 2H_2O)$—— $H_2C_2O_4 \cdot 2H_2O$ 的摩尔质量,g/mol;

$c(H_2C_2O_4 \cdot 2H_2O)$——所配 $H_2C_2O_4 \cdot 2H_2O$ 标准溶液的准确浓度,mol/L。

2. **根据下式计算 NaOH 溶液浓度:**

$$c(\text{NaOH}) = \frac{2c(H_2C_2O_4 \cdot 2H_2O) \cdot V(H_2C_2O_4 \cdot 2H_2O)}{V(\text{NaOH})} \tag{3-2}$$

式中　$c(H_2C_2O_4 \cdot 2H_2O)$—— 参与反应的 $H_2C_2O_4 \cdot 2H_2O$ 的摩尔浓度,mol/L;

$V(H_2C_2O_4 \cdot 2H_2O)$——参与反应的 $H_2C_2O_4 \cdot 2H_2O$ 的体积,cm^3;

$V(\text{NaOH})$—— 滴定时消耗 NaOH 溶液的体积,cm^3;

$c(\text{NaOH})$—— 所求 NaOH 标准溶液的准确浓度,mol/L。

将实验中测得的有关数据填入表 3-2:

表 3-2　实验数据记录

指示剂:__________

测定次数	1	2	3
$H_2C_2O_4 \cdot 2H_2O$ 标准溶液浓度/($mol \cdot L^{-1}$)			
参与反应 $H_2C_2O_4 \cdot 2H_2O$ 的体积 V/cm^3			
参与反应 $H_2C_2O_4 \cdot 2H_2O$ 的物质的量/mol			
消耗 NaOH 溶液体积 V/cm^3			
NaOH 溶液浓度 c/($mol \cdot L^{-1}$)			
NaOH 溶液平均浓度($mol \cdot L^{-1}$)			

六、思考题

1. 滴定管和吸管为什么要用待量取的溶液洗几遍? 锥形瓶是否也要用同样的方法洗?
2. 以下情况对标定 NaOH 浓度有何影响?
(1)滴定前没有赶尽滴定管中的气泡。
(2)滴定完后,滴定管的尖嘴内有气泡。
(3)滴定完后,滴定管尖嘴外挂有液滴。
(4)滴定过程中,往锥形瓶内加少量蒸馏水。
3. 基准物质称完后,需加 30 cm^3 水溶解,水的体积是否要准确量取,为什么?

(牟元华)

实验 3.4　醋酸电离度和电离常数的测定(3 h)

一、实验目的

1. 学习测定醋酸离解度和离解常数的基本原理和方法。

2. 学会酸度计的使用方法。

3. 巩固溶液的配制及容量瓶和移液管的使用,学习溶液浓度的标定。

二、实验原理

1. 醋酸浓度的标定

计量方程:$HAc(aq)+NaOH(aq) = NaAc(aq)+H_2O(l)$

在滴定终点时:$n(HAc)=n(NaOH)$,即:

$$c(HAc)=c(NaOH)\cdot\frac{V(NaOH)}{V(HAc)} \tag{3-3}$$

2. 离解常数的计算

醋酸(HAc)是弱电解质,在水溶液中存在下列离解平衡:

	HAc ⇌	H^+ +	Ac^-
起始时	c	0	0
平衡时	$c-x$	x	x

根据化学平衡原理,生成物浓度乘积与反应物浓度乘积之比为一常数,即:

$$K_a=\frac{c(H^+)\cdot c(Ac^-)}{c(Ac^-)} \tag{3-4}$$

式中 K_a——醋酸的离解常数。

将平衡时各物质的浓度代入式(3-4),得

$$K_a=\frac{x^2}{c-x}=\frac{c(H^+)^2}{c-c(H^+)}=\frac{c\alpha^2}{1-\alpha} \tag{3-5}$$

式中 c——HAc 的起始浓度;

x——平衡时氢离子(或醋酸根离子)的浓度,$c(H^+)=10^{-pH}c^{\ominus}$。

根据离解度的定义,平衡时已离解的分子数占原有分子总数的分数称作离解度 α,即:

$$\alpha=\frac{c(H^+)}{c} \tag{3-6}$$

因此,如果由实验测出醋酸溶液的 pH 值,即可求出 $c(H^+)$,进而求出 α,并求出醋酸的离解常数 K_a。

三、仪器与试剂

1. 仪器

烧杯(50 cm^3),移液管(25 cm^3),洗耳球,锥形瓶,酸式滴定管,碱式滴定管,酸度计。

2. 试剂

醋酸溶液 $c(HAc)=0.1$ mol/L,磷酸标准缓冲溶液(pH=4.00、pH=6.86),NaOH 标准溶液 $c(NaOH)=0.1000$ mol/L、酚酞指示剂。

四、实验内容

1. 醋酸溶液浓度的标定

用清洁的 25 cm^3 移液管吸取 NaOH 标准溶液 25.00 cm^3,放入 250 cm^3 锥形瓶中,加入酚

酞指示剂 2 ~ 3 滴,用待测的醋酸溶液滴定,至酚酞指示剂的红色恰好消失为止,记下所用的醋酸溶液体积。平行测定 3 份,把滴定的数据和计算结果填入表中。

2. pH 值法测定醋酸的电离常数

用滴定管分别放出 32.00、16.00、8.00 和 4.00 cm^3 上述已知浓度的 HAc 溶液于 4 个干燥的 50 cm^3 烧杯中,并依次编号为 1、2、3、4。然后用滴定管往后面 3 个烧杯即 2、3、4 号烧杯中分别加 16.00、24.00 和 28.00 cm^3 蒸馏水,并混合均匀。用酸度计分别依次测定 4 ~1 号小烧杯中醋酸溶液的 pH 值,并如实正确记录测定数据。

五、实验数据记录与处理

1. 完成表 3-3

表 3-3　醋酸溶液浓度标定的数据记录和处理

滴定序号		1	2	3
标准 NaOH 溶液体积/cm^3		25.00	25.00	25.00
HAc 溶液的体积/cm^3				
标准 NaOH 溶液的浓度/($mol \cdot L^{-1}$)				
HAc 溶液的浓度	测定值			
	平均值			

2. 完成表 3-4

表 3-4　pH 值法测定醋酸电离常数数据记录和处理

编号	$c(HAc)/(mol \cdot L^{-1})$	pH	$c(H^+)/(mol \cdot L^{-1})$	$\alpha=\frac{c(H^+)}{c}$	$K_a=\frac{c\alpha^2}{1-\alpha}$	K_a 平均值
1						
2						
3						
4						
测定时溶液的温度______℃						

六、思考题

1. 不同浓度的醋酸溶液的电离度是否相同? 电离常数是否相同?

2. 使用酸度计应注意哪些问题?

3. 滴定管和移液管为什么要先用所盛装的溶液洗涤,而锥形瓶却不能用所盛的溶液洗涤?

(牟元华)

实验3.5 碘酸铜的制备及溶度积的测定(3 h)

一、实验目的

1. 了解分光光度法测定溶度积的原理。
2. 熟练溶液配制、移液等操作。
3. 练习分光光度计的使用。

二、实验原理

将硫酸铜溶液和碘酸钾溶液在一定温度下混合,反应后得到碘酸铜沉淀,其反应方程式如下:

$$CuSO_4+2KIO_3 = Cu(IO_3)_2\downarrow+K_2SO_4$$

碘酸铜是难溶强电解质,在其水溶液中存在下述动态平衡:

$$Cu(IO_3)_2(s) \rightleftharpoons Cu^{2+}(aq)+2\ IO_3^-(aq)$$

其平衡常数称为溶度积常数,简称溶度积,以 K_{sp} 表示:

$$K_{sp}[Cu(IO_3)_2]=c(Cu^{2+})\cdot c(IO_3^-)^2 \qquad (3\text{-}7)$$

平衡时的溶液为饱和溶液,测定 $Cu(IO_3)_2$ 饱和溶液中的 $c(Cu^{2+})$ 和 $c(IO_3^-)$,便可计算出其溶度积的值。

$c(Cu^{2+})$ 的测定可通过分光光度法进行,用一系列已知浓度 Cu^{2+} 溶液,加入氨水,使 Cu^{2+} 生成蓝色 $Cu[(NH_3)]_4^{2+}$,在分光光度计上测定有色液的吸光度 A,以 A 为纵坐标,$c(Cu^{2+})$ 为横坐标,描绘 A-$c(Cu^{2+})$ 的关系曲线(称为标准曲线)。然后吸取一定量 $Cu(IO_3)_2$ 饱和溶液与氨水作用,测定所得蓝色溶液的吸光度 A',在标准曲线上找出与 A' 相对应的 $c(Cu^{2+})$,即为 $Cu(IO_3)_2$ 饱和溶液中的 $c(Cu^{2+})$。这样便可求算碘酸铜溶度积。

三、仪器与试剂

1. 仪器

烧杯,抽滤装置,玻璃漏斗,50 cm^3 容量瓶,吸量管,定量滤纸,分光光度计。

2. 试剂

$CuSO_4\cdot 5H_2O$(s),KIO_3(s),$NH_3\cdot H_2O$(6 mol/L),$CuSO_4$(0.16 mol/L),K_2SO_4(0.16 mol/L)。

四、实验内容

1. 碘酸铜的制备

用两个烧杯分别称取 1.3 g 硫酸铜($CuSO_4\cdot 5H_2O$),2.1 g 碘酸钾(KIO_3),加入适量蒸馏水(如何决定水量?),微热下使其完全溶解。将两溶液混合,加热并不断搅拌以免产生暴沸。约 20 min 后,停止加热(如何判断反应是否完全?)。静置溶液至室温,弃去上层清液,用倾滗法将所得碘酸铜洗净，以洗涤液中检查不到 SO_4^{2-} 为标志（需洗 5 ~ 6 次，每次可用蒸馏水 10 cm^3），记录产品的外形、颜色及观察到的现象，最后进行减压过滤，将碘酸铜沉淀抽干后，烘干，计算产率。

2. K_{sp} 的测定

（1）标准曲线制作

用吸量管分别吸取 0.2、0.4、0.6、0.8、1.0、1.2 cm^3 浓度为 0.16 mol/L $CuSO_4$ 溶液，滴入有标记的 6 个 50 cm^3 容量瓶中，加 6 mol/L 氨水 4 cm^3，用蒸馏水稀释至刻度，摇匀，以蒸馏水作为参比液，选用 2 cm 比色皿，在入射光波长 610 nm 条件下测定他们的吸光度，将有关数据记入表 3-5，以吸光度为纵坐标，相应的 Cu^{2+} 的浓度为横坐标，绘制工作曲线。

（2）配制含不同浓度 Cu^{2+} 和 IO_3^- 的碘酸铜饱和溶液

取 3 个干燥的小烧杯并将其编号，各加入少量（黄豆般大）自制的碘酸铜和 18.00 cm^3 蒸馏水（应该用什么仪器量水？）。然后，用吸量管按表 3-6 加入一定量的硫酸铜和硫酸钾溶液，硫酸钾的作用是调整离子强度，使溶液的总体积为 20.00 cm^3。

不断地搅拌上述混合溶液约 15 min，以保证配得碘酸铜饱和溶液。静置，待溶液澄清后，用致密定量滤纸、干燥玻璃漏斗常压过滤（滤纸不要用水润湿），滤液用编号的干燥小烧杯收集，沉淀不要转移到滤纸上。

（3）测定 $Cu(IO_3)_2$ 饱和溶液中 $c(Cu^{2+})$

取按表 3-6 准备好的饱和碘酸铜滤液各 10.00 cm^3 于按表 3-6 准备好的 3 个编号的 50 cm^3 容量瓶中，加入 6 mol/L 氨水 4 cm^3，用蒸馏水稀释至刻度，摇匀，用 2 cm 比色皿在波长 610 nm 条件下，用蒸馏水作为参比液测量其吸光度，从工作曲线上查出 Cu^{2+} 的浓度，将有关数据记入表 3-6。并计算 K_{sp}。

五、实验数据记录与处理

1. 标准曲线的制作

表 3-5　吸光度及浓度数据表（λ = 610 nm）　　$c(Cu^{2+}$，原始) =

容量瓶编号	1	2	3	4	5	6
0.16 mol/L $CuSO_4$ 体积/cm^3	0.20	0.40	0.60	0.80	1.0	1.2
6 mol/L $NH_3 \cdot H_2O$ 体积/cm^3	4.0					
吸光度 A						
Cu^{2+}浓度/($\times 10^{-3}$ mol · L^{-1})						

2. 根据表 3-5 计算出 $K_{sp}[Cu(IO_3)_2]$

表 3-6　K_{sp} 的计算相关数据表

容量瓶编号	1	2	3
0.16 mol/L $CuSO_4$ 体积/cm^3	0.00	0.50	1.00
0.16 mol/L K_2SO_4 体积/cm^3	1.00	0.50	0

续表

容量瓶编号	1	2	3
所加 Cu^{2+}浓度 $a/(\times10^{-3}\ mol\cdot L^{-1})$	0.00	4.00	8.00
吸光度 A			
Cu^{2+}浓度			
Cu^{2+}的平衡浓度 $b/(\times10^{-3}\ mol\cdot L^{-1})$			
IO_3^- 的平衡浓度 $2(b-a)/(\times10^{-3}\ mol\cdot L^{-1})$			
$K_{sp}=c(Cu^{2+})\cdot c(IO_3^-)^2=b[2(b-a)]^2$			
$\overline{K}_{sp}$			

六、思考题

1. 为什么要将所制得的碘酸铜洗净？
2. 如果配制的碘酸铜溶液不饱和或过滤时碘酸铜透过滤纸，对实验结果有何影响？
3. 过滤碘酸铜饱和溶液时，所使用的漏斗、滤纸、烧杯等是否均要干燥的？
4. 为什么用含不同 Cu^{2+}浓度的溶液测定碘酸铜的 K_{sp}？
5. 为什么配制 $Cu[(NH_3)]_4^{2+}$ 溶液时，所加氨水的浓度要相同？

（牟元华）

实验3.6　配合物的性质（3 h）

一、实验目的

1. 了解配离子的性质。
2. 比较配离子的稳定性。
3. 了解使配位平衡移动的方法。

二、实验原理

配位化合物分子一般是由中心离子、配位体和外界所构成。中心离子和配位体组成配位离子（内界），例如：

$$[Cu(NH_3)_4]SO_4 = [Cu(NH_3)_4]^{2+}+SO_4^{2-}\quad（完全解离）$$

$$[Cu(NH_3)_4]^{2+} \rightleftharpoons Cu^{2+}+4\ NH_3\quad（部分解离）$$

$[Cu(NH_3)_4]^{2+}$称为配位离子（内界），其中 Cu^{2+}为中心离子，NH_3 为配位体，SO_4^{2-} 为外界。配位化合物中的内界和外界可以用实验来确定。

配位离子的解离平衡也是一种动态平衡，能向着生成更难解离或更难溶解的物质的方向移动。若金属离子 M^{m+}和配体 L^-形成配离子 $ML_n^{(m-n)+}$，在水溶液中产生如下解离平衡：

$$ML_n^{(m-n)+} = M^{m+} + nL^-$$

根据平衡移动原理,改变 M^{m+} 或 L^- 的浓度,会使上述平衡发生移动。假若加入一种试剂能与 M^{m+}(或 L^-)生成难溶物质、生成更稳定的配离子或使其氧化态改变等,都能使平衡向右移动,如:

$$\begin{array}{ccc} [Ag(NH_3)_2]^+ \rightleftharpoons & Ag^+ & + 2NH_3 \\ & + & + \\ & Br^- & 2H^+ \\ & \downarrow\uparrow & \downarrow\uparrow \\ & AgBr & NH_4^+ \end{array}$$

三、仪器与试剂

1. 仪器

离心机,电加热器,普通试管,离心试管,烧杯。

2. 试剂

$NH_3 \cdot H_2O$ (2 mol/L),$AgNO_3$(0.1 mol/L), KBr (0.1 mol/L),KNCS、KI (0.1 mol/L),NaCl (0.1 mol/L),$BaCl_2$(1 mol/L),NH_4F (2 mol/L),$Na_2S_2O_3$(0.5 mol/L),pH 试纸。$Cu(NO_3)_2$(0.1 mol/L),NaOH (0.1 mol/L),$Fe(NO_3)_3$(0.1 mol/L),$Ni(NO_3)_2$(0.1 mol/L),EDTA (0.1 mol/L),$Fe_2(SO_4)_3$(0.5 mol/L),HCl (6 mol/L),NH_4SCN (0.1 mol/L),$(NH_4)_2C_2O_4$(饱和),CCl_4。

四、实验内容

1. 配离子的形成

(1)取 2 支试管分别放入 5 滴 0.1 mol/L $Cu(NO_3)_2$ 溶液,一支试管中加入 0.1 mol/L NaOH 溶液,观察现象。另一支试管中加入过量 2 mol/L $NH_3 \cdot H_2O$,观察溶液的颜色,然后再加入 0.1 mol/L NaOH 溶液,有何现象?解释原因。

(2)将 5 滴 0.5 mol/L $Na_2S_2O_3$ 溶液放入试管中,滴入 2 滴 0.1 mol/L $AgNO_3$ 溶液,将发生什么反应?然后在所得溶液中加入 2 滴 0.1 mol/L NaCl,将有什么变化?另取一支试管将 2 滴 0.1 mol/L $AgNO_3$ 和 2 滴 0.1 mol/L NaCl 混合有何现象?解释原因。

(3)取 2 支试管,分别放入 0.1 mol/L $Fe(NO_3)_3$ 溶液,在一支试管中加入 2 mol/L NH_4F,然后再在两个试管中加入 0.1 mol/L KI 溶液和 CCl_4,观察现象。

(4)取 1 支试管放入 0.1 mol/L $Ni(NO_3)_2$ 溶液,加入 0.1 mol/L EDTA 溶液观察颜色变化,在此溶液中加入 0.1 mol/L NaOH 溶液,有无 $Ni(OH)_2$ 沉淀生成?

2. 配离子稳定性的比较

取 10 滴 0.5 mol/L $Fe_2(SO_4)_3$ 溶液,逐滴加入 6 mol/L HCl 溶液,观察现象,加入 2 滴 0.1 mol/L NH_4SCN 溶液,观察溶液颜色的变化,再往溶液中滴加 2 mol/L NH_4F 溶液,有何现象?再加入饱和$(NH_4)_2C_2O_4$ 溶液,溶液颜色又有何变化?从溶液颜色变化,比较生成的各配离子的稳定性。

3. 配位平衡的移动

(1)在离心试管中加入5滴0.1 mol/L $AgNO_3$ 溶液和5滴0.1 mol/L NaCl溶液,离心分离,弃去清液,用少量去离子水洗涤,每次洗涤需加热,离心分离,弃去洗涤液,在沉淀上加入2 mol/L $NH_3 \cdot H_2O$ 使沉淀溶解。往所得溶液中加1滴0.1 mol/L NaCl溶液,观察现象,再加入1滴0.1 mol/L KBr溶液有何现象?若有AgBr沉淀生成,使AgBr沉淀完全,离心分离,洗涤沉淀2次,然后加入0.5 mol/L $Na_2S_2O_3$ 溶液,使沉淀溶解。往所得溶液中加一滴0.1 mol/L KBr溶液,是否有AgBr沉淀产生?再加入1滴0.1 mol/L KI溶液,有何现象?

通过上述实验比较AgCl,AgBr,AgI的 K_{sp} 大小和 $[Ag(NH_3)_2]^+$, $[Ag(S_2O_3)_2]^{3-}$ 的稳定性。

(2)取2滴0.1 mol/L $Fe_2(SO_4)_3$ 溶液,加入8滴饱和 $(NH_4)_2C_2O_4$ 溶液,溶液颜色有何变化?加入1滴0.1 mol/L NH_4SCN 溶液,溶液颜色有无变化?若向溶液中逐滴加入6 mol/L HCl溶液,颜色有何变化?解释观察到的现象。

(3)取5滴0.1 mol/L $Fe(NO_3)_3$ 溶液加入0.1 mol/L NH_4SCN 溶液,滴加0.1 mol/L EDTA溶液,有何现象发生?

五、思考题

1. 有哪些方法可证明 $[Ag(NH_3)_2]^+$ 配离子溶液中含有 Ag^+ 离子?
2. 通过实验总结简单离子形成配离子后,哪些性质会发生改变?
3. 影响配位平衡的主要因素是什么?
4. Fe^{3+} 可以将 I^- 氧化为 I_2,而自身被还原成 Fe^{2+},但 Fe^{2+} 的配离子 $[Fe(CN)_6]^{4-}$ 又可以将 I_2 还原成 I^-,而自身被氧化成 $[Fe(CN)_6]^{3-}$,如何解释此现象?

(牟元华)

实验3.7　酸碱平衡与沉淀溶解平衡(3 h)

一、实验目的

1. 了解弱酸、弱碱解离平衡及影响平衡移动的因素。
2. 了解缓冲溶液的性质。
3. 试验沉淀生成的条件、溶解及转化条件。

二、实验原理

1. 水溶液中可溶电解质的酸、碱性

酸碱质子理论认为:凡能给出质子的物质是酸,凡能接受质子的物质是碱。酸和碱均既可以是中性分子,也可以是带正、负电荷的离子。酸和碱在水溶液中的解离平衡可分别用下列通式表示(一元酸碱为例):

$$HA(aq)+H_2O(l) \rightleftharpoons H_3O^+(aq)+A^-(aq)$$

$$A^-(aq)+H_2O(aq) \rightleftharpoons HA(aq)+OH^-(aq)$$

酸、碱溶液的 pH 值，既可以根据给定条件进行计算，也可以利用 pH 试纸或 pH 计等进行测量。

2. 缓冲溶液与 pH 值的控制

在一定条件下，具有保持 pH 值相对稳定性能的溶液，称为缓冲溶液。缓冲溶液能在一定程度上抵抗外来酸、碱或稀释的影响，即当加入少量酸、碱或稍加稀释时，混合溶液的 pH 值基本保持不变。缓冲溶液一般由具有同离子效应的弱酸及其共轭碱或弱碱及其共轭酸组成，而且系统中共轭酸碱对的浓度都比较大。

例如，酸性缓冲溶液的 pH 值计算公式为：

$$pH = pK_a - \lg(c_a/c_b) \tag{3-8}$$

式中　c_a，c_b——分别为共轭酸和共轭碱的浓度；

K_a——共轭酸的解离常数。

从上式可以看出：若在缓冲溶液中加入少量酸、碱或加去离子水稀释时，c_a 和 c_b 均会略有变化，但由于共轭酸碱对的浓度都比较大，所以其比值可以基本保持不变，因而可以维持 pH 值的稳定性。

3. 水溶液中单相离子平衡及其移动

对于酸或碱的解离平衡，根据反应商 J 判断：

$J<K_a$（或 K_b），反应正向进行，即酸、碱解离；

$J=K_a$（或 K_b），平衡状态；

$J>K_a$（或 K_b），反应逆向进行，即酸、碱生成。

①若增加生成物的浓度，或减小反应物的浓度，则 $J>K$，平衡向生成酸或碱的方向移动，即酸或碱的解离度减小。

②若减小生成物的浓度，或是增大反应物的浓度，则 $J<K$，平衡向酸或碱解离的方向移动。减小生成物浓度的方法主要是形成难溶电解质、气体或更难解离的酸、碱等。

4. 难溶电解质的多相离子平衡及其移动

在难溶电解质的饱和溶液中，未溶解的固体与溶解后形成的离子之间存在着多相离子平衡。例如，在过量 $PbCl_2$ 存在的饱和溶液中，有下列溶解平衡：

$$PbCl_2(s) \rightleftharpoons Pb^{2+}(aq) + 2Cl^-(aq)$$

$$K_{sp}(PbCl_2) = C_{Pb^{2+}} \cdot C_{Cl^-}{}^2 \tag{3-9}$$

同理，根据反应商 J 判断：

$J<K_{sp}$，不发生沉淀反应，或沉淀溶解；

$J>K_{sp}$，发生沉淀反应，或沉淀不溶解。

①同离子效应可使 $J>K_{sp}$，导致溶解平衡向生成沉淀方向移动，即减小了难溶电解质的溶解度。

②若减小难溶电解质离子的浓度，则 $J<K_{sp}$，溶液平衡向沉淀溶解的方向移动，因而可通过减小离子浓度的方法，使难溶电解质溶解。

③若溶液中同时存在多种离子，当加入沉淀剂时，哪种离子的溶度积首先得到满足，就先析出，这种先后沉淀的现象称为分步沉淀。

④使一种难溶电解质转化成另一种更难溶电解质的反应常称为沉淀的转化。对于同类难溶电解质，沉淀在转化时向生成 K_{sp} 值较小的难溶电解质的方向进行；对于不同类型的难溶

电解质(如 AgCl 和 Ag_2CrO_4),K_{sp} 值的大小与溶解度大小不一定同步,而沉淀的转化总是向溶解度较小的难溶电解质的方向进行。

三、仪器与试剂

1. 仪器

pH 计,普通试管,离心试管,电动离心机,烧杯。

2. 试剂

$NH_3 \cdot H_2O$,固体 NaAc,固体 NH_4Cl,酚酞指示剂,甲基橙指示剂,0.1 mol/L HAc,2 mol/L HAc,0.1 mol/L HCl,2 mol/L HCl,0.1 mol/L NaAc,0.1 mol/L NaOH,2 mol/L NaOH,0.2 mol/L $FeCl_3$,0.2 mol/L $SbCl_3$,0.1 mol/L NaCl,0.2 mol/L NaCl,0.2 mol/L $MgCl_2$,0.2 mol/L $BaCl_2$,0.1 mol/L $AgNO_3$,2 mol/L $NH_3 \cdot H_2O$,6 mol/L NH_4Ac,0.2 mol/L Na_2CO_3,0.2 mol/L K_2CrO_4,0.2 mol/L Na_2SO_4,6mol/L HNO_3。

四、实验内容

1. 同离子效应

用 0.1 mol/L HAc 和 $NH_3 \cdot H_2O$、固体 NaAc 和固体 NH_4Cl,酚酞指示剂和甲基橙指示剂,设计两个能说明同离子效应的实验。

2. 缓冲溶液的配制与性质

①取 30 cm^3 蒸馏水于小烧杯中,用 pH 计测定其 pH 值。往蒸馏水中加 2 滴 0.1 mol/L HCl 溶液,搅匀后再测定它的 pH 值,变化了多少?

②用 0.1 mol/L HAc 和 0.1 mol/L NaAc 溶液配制 pH 值为 4.7 的缓冲溶液 60 cm^3,测定它的实际 pH 值。将缓冲溶液分为 2 份,第 1 份加入 2 滴 0.1 mol/L NaOH 溶液,混合均匀后测定它的 pH 值。往第 2 份缓冲溶液中加 2 滴 0.1 mol/L HCl 溶液,测定其 pH 值。再加入 10 cm^3 0.1 mol/L HCl 溶液,混匀后测定其 pH 值是多少?

通过上述实验①、②,总结缓冲溶液的性质。

3. 盐类的水解平衡及其影响因素

①把几滴 0.2 mol/L $FeCl_3$ 溶液分别放在含有冷水和热水的试管中,观察溶液颜色,并说明原因。

②取几滴 0.2 mol/L $SbCl_3$ 溶液于试管中,加水稀释,观察沉淀的生成,往沉淀中滴加 2 mol/L HCl 溶液至沉淀刚好消失,再加水稀释,观察沉淀又重新出现。请结合反应方程式加以解释。

4. 沉淀的生成和溶解

①往离心试管中加入 5 滴 0.1 mol/L NaCl 溶液,逐滴滴入 0.1 mol/L $AgNO_3$ 溶液,待反应完全后,将沉淀离心分离,在沉淀上加数滴 2 mol/L $NH_3 \cdot H_2O$ 溶液,观察现象,请结合反应方程式解释实验现象。

②用 2 mol/L NaOH 溶液分别与 0.2 mol/L $MgCl_2$、0.2 mol/L $FeCl_3$ 溶液作用,制得沉淀量相近的 $Mg(OH)_2$、$Fe(OH)_3$,离心分离,弃去清液,往 $Mg(OH)_2$ 沉淀中滴加 6 mol/L NH_4Ac 溶液至沉淀溶解,再往 $Fe(OH)_3$ 沉淀中加入同量的 NH_4Ac 溶液,观察沉淀是否溶解?请从平

衡移动的原理解释实验现象。

③在3支离心试管中分别加入2滴0.2 mol/L Na_2CO_3 溶液、0.2 mol/L K_2CrO_4 溶液、0.2 mol/L Na_2SO_4 溶液，各加2滴0.2 mol/L $BaCl_2$ 溶液，观察 $BaCO_3$、$BaCrO_4$、$BaSO_4$ 沉淀的生成；试验沉淀能否溶于2 mol/L HAc溶液中，将不溶者离心分离，弃去溶液，试验沉淀在2 mol/L HCl溶液中的溶解情况并加以解释。

请总结沉淀生成和溶解的条件。

5. 沉淀的转化和分步沉淀

①取2支离心试管，分别滴加几滴0.2 mol/L K_2CrO_4 溶液、0.2 mol/L NaCl溶液，均滴入2滴0.1 mol/L $AgNO_3$ 溶液，观察 Ag_2CrO_4 和AgCl沉淀的生成和颜色。离心，弃去清液，往 Ag_2CrO_4 沉淀中加入0.2 mol/L NaCl溶液，往AgCl沉淀中加入0.2 mol/L K_2CrO_4 溶液，充分搅动，哪种沉淀的颜色发生变化？实验说明 Ag_2CrO_4、AgCl中何者溶解度较小？

②往试管中加入2滴0.2 mol/L NaCl溶液和0.2 mol/L K_2CrO_4 溶液，混合均匀后，逐滴加入0.1 mol/L $AgNO_3$ 溶液，并随即摇荡试管，观察沉淀的出现与颜色的变化。最后得到外观为砖红色的沉淀中有无AgCl沉淀？用实验证实你的想法（提示：可往沉淀中加6 mol/L HNO_3，使其中的 Ag_2CrO_4 溶解后观察之）。

请用溶度积规则解释实验现象，并总结沉淀转化条件。

五、思考题

1. 将 Na_2CO_3 溶液与 $AlCl_3$ 溶液作用，产物是什么？写出反应方程式。

2. 使用电动离心机应该注意哪些事项？

3. 是否一定要在碱性条件下才能生成氢氧化物沉淀？不同浓度的金属离子溶液，开始生成氢氧化物沉淀时，溶液的pH值是否相同？

4. 请计算下列反应的平衡常数：

(1) $Mg(OH)_2 + 2NH_4^+ \rightleftharpoons Mg^{2+} + 2NH_3 \cdot H_2O$

(2) $Fe(OH)_3 + 3NH_4^+ \rightleftharpoons Fe^{3+} + 3NH_3 \cdot H_2O$

(3) $Ag_2CrO_4 + 2Cl^- \rightleftharpoons 2AgCl + CrO_4^{2-}$

(4) $2AgCl + CrO_4^{2-} \rightleftharpoons Ag_2CrO_4 + 2Cl^-$

比较4个平衡常数的大小，可得出什么结论？与你的实验结果是否一致？

（柳军）

实验3.8　化学反应速度和活化能(3 h)

一、实验目的

1. 了解浓度、温度和催化剂对反应速度的影响。

2. 测定过二硫酸铵与碘化钾反应的反应速度。

3. 学会计算反应级数、反应速率常数和反应的活化能。

二、实验原理

在水溶液中 $S_2O_8^{2-}$ 与 I^-发生如下反应：

$$S_2O_8^{2-}+3I^-=\!=\!=2SO_4^{2-}+I_3^-$$

设反应的速率方程可表示为：

$$v=k \cdot c^m(S_2O_8^{2-}) \cdot c^n(I^-) \tag{3-10}$$

式中 v——反应速率；

k——速率常数；

$c(S_2O_8^{2-})$、$c(I^-)$——即时浓度；

m,n 之和——反应级数。

通过实验能测定在单位时间内反应的平均速率，如果在一定时间 Δt 内 $S_2O_8^{2-}$ 浓度的改变量为 $\Delta c(S_2O_8^{2-})$，则平均速率表示为：

$$v_{平}=-\frac{\Delta c(S_2O_8^{2-})}{\Delta t} \tag{3-11}$$

当 $\Delta t\to 0$ 时，$v=\lim v_{平}$则有：

$$v=k \cdot c^m(S_2O_8^{2-}) \cdot c^n(I^-)=-\frac{\Delta c(S_2O_8^{2-})}{\Delta t} \tag{3-12}$$

为了测定在一定时间 Δt 内 $S_2O_8^{2-}$ 浓度的改变量，在将 $S_2O_8^{2-}$ 与 I^-混合的同时，加入定量的 $Na_2S_2O_3$ 溶液和淀粉指示剂。这样在上述反应进行的同时，也进行如下的反应：

$$2S_2O_3^{2-}+I_3^-=\!=\!=S_4O_6^{2-}+3I^-$$

生成 $S_4O_6^{2-}$ 的反应进行得很快，瞬间即可完成。而生成 SO_4^{2-} 的反应却要比生成 $S_4O_6^{2-}$ 的反应慢得多。由生成 SO_4^{2-} 的反应生成的 I_3^-，立即与 $S_2O_3^{2-}$ 反应，生成无色的 $S_4O_6^{2-}$ 和 I^-。因此，在反应刚开始的一段时间内看不到 I_3^- 与淀粉所呈现的特有蓝色。当 $S_2O_3^{2-}$ 耗尽时，由反应继续生成的 I_3^- 很快与淀粉作用而呈现蓝色。

由上述两个反应式可以看出，$S_4O_6^{2-}$ 浓度减少量等于 $S_2O_3^{2-}$ 浓度减少量的1/2。

由于溶液呈现蓝色标志着 $S_2O_3^{2-}$ 全部耗尽。所以，从反应开始到出现蓝色这段时间 Δt 内，$S_2O_3^{2-}$ 浓度的改变实际上就是 $S_2O_3^{2-}$ 初始浓度。

$$\Delta c(S_2O_8^{2-})=\frac{1}{2}\Delta c(S_2O_3^{2-})=-\frac{1}{2}c_0(S_2O_3^{2-}) \tag{3-13}$$

由于每份混合液中 $S_2O_3^{2-}$ 的初始浓度都相同，因此 $\Delta c(S_2O_8^{2-})$也都是相同的。这样，只要记下从反应开始到溶液刚呈现蓝色所需的时间 Δt，就可以求出初反应速率。

利用求得的反应速率，可计算出速率常数 k 和反应级数 m、n，确定速率方程。

三、仪器与试剂

1. 仪器

秒表，温度计(0～100 ℃)，10 cm^3 烧杯，量筒，试管，玻璃棒，酒精灯，三角架，石棉网。

2. 试剂

$K_2S_2O_8$(0.050 mol/L)，KI(0.40 mol/L)，KNO_3(0.40 mol/L)，$Na_2S_2O_3$(0.005 0 mol/L)，K_2SO_4(0.050 mol/L)，$Cu(NO_3)_2$(0.02 mol/L)，淀粉(0.2%)。

四、实验内容

1. 浓度对化学反应速率的影响

在室温下，按表3-7所示剂量用专用移液管把一定量的KI、$Na_2S_2O_3$、KNO_3、K_2SO_4和淀粉溶液加入已编号的10 cm^3烧杯中，搅拌均匀，然后用装有$K_2S_2O_8$溶液的加液器，将一定量的$K_2S_2O_8$溶液迅速加到已搅拌均匀的溶液中，同时启动秒表并不断搅拌，待溶液一出现蓝颜色时，立即按停秒表并记录时间于表3-7中。

表3-7　浓度对化学反应速率的影响　　　　室温______℃

	容器编号	1	2	3	4	5
试剂用量/cm^3	0.050 mol/L $K_2S_2O_8$	1.0	1.5	2.0	2.0	2.0
	0.40 mol/L KI	2.0	2.0	2.0	1.5	1.0
	0.005 0 mol/L $Na_2S_2O_3$	0.6	0.6	0.6	0.6	0.6
	0.2%淀粉溶液	0.4	0.4	0.4	0.4	0.4
	0.40 mol/L KNO_3	0	0	0	0.5	1.0
	0.050 mol/L K_2SO_4	1.0	0.5	0	0	0
	反应时间/s					

2. 温度对化学反应速率的影响

①用专用移液管按表3-7中5号的剂量把一定量的KI、$Na_2S_2O_3$、KNO_3、K_2SO_4和淀粉溶液加入1个10 cm^3的烧杯中，混合均匀，再用定量加液器将2.0 cm^3 0.050 mol/L的$K_2S_2O_8$溶液加入另一个10 cm^3烧杯中，然后将两个烧杯同时置于恒温水浴中，待温度固定于某一稳定值，记下温度，然后将混合溶液迅速加到$K_2S_2O_8$溶液中，同时启动秒表并不断搅拌溶液，待溶液出现蓝色时，按停秒表并记录时间。

②在40 ℃以下，再选择3个合适的温度点（相邻温度差在10 ℃左右），同上述①的操作进行实验，记录每次实验的温度与反应时间于表3-8。

表3-8　温度对化学反应速率的影响

容器编号	6	7	8	9
反应温度/℃				
反应时间/s				

3. 催化剂对化学反应速率的影响

按表3-7中任一编号的试剂用量，先往KI、$Na_2S_2O_3$、KNO_3、K_2SO_4、淀粉混合液中滴加2滴0.02 mol/L的$Cu(NO_3)_2$，搅匀后再迅速加入相应量的$K_2S_2O_8$试液，记录反应时间。与表3-7中相应编号的反应时间相比可得到什么结论？

五、实验数据记录与处理

1. 求反应级数和速率常数

计算表 3-7 中编号 1 ~5 的各个实验的平均反应速度,并将相应数据填入表 3-9。

表 3-9　计算各个实验的平均反应速率常数

实验编号		1	2	3	4	5
5.0 cm^3 混合物中反应物的起始浓度/($mol\cdot L^{-1}$)	$K_2S_2O_8$					
	KI					
	$Na_2S_2O_3$					
反应时间 $\Delta t/s$						
$v=c(Na_2S_2O_3)/2\Delta t$						
$\lg v$						
$\lg c(S_2O_8^{2-})$						
$\lg c(I^-)$						
m						
n						
$k=v/c(S_2O_8^{2-})^m c(I^-)^n$						

I^-浓度不变时,用实验 1、2、3 的 v 及 $c(S_2O_8^{2-})$ 数据,以 $\lg v$ 对 $\lg c(S_2O_8^{2-})$作图,直线的斜率即为 m,同理,以实验 3、4、5 的 $\lg v$ 对 $\lg c(I^-)$作图,求出 n。

根据速度方程 $v=k\,c(S_2O_8^{2-})^m\,c(I^-)^n$,求出 v 及 m、n 后,算出相应的 k。

2. 求活化能

计算编号 6 ~9 四个不同温度实验的平均反应速度及速度常数 k,然后以 $\lg k$ 为纵坐标,$1/T$ 为横坐标作图。由所得直线的斜率求 E_a。将有关数据填入表 3-10 中。

表 3-10　计算活化能

实验编号	6	7	8	9
反应温度 K				
反应时间 s				
反应速度 v				
速度常数 k				
$\lg k$				
$1/T$				
活化能 $E_a/(kJ\cdot mol^{-1})$				

注:6 ~9 号混合液中反应物的起始浓度与 5 号同。

六、思考题

1. 实验中为什么可以由反应溶液出现蓝色时间的长短来计算反应速度？反应溶液出现蓝色后，$S_2O_8^{2-}$ 与 I^- 的反应是否就终止了？

2. 若不用 $S_2O_8^{2-}$ 而用 I^- 的浓度变化来表示反应速度，则反应速度常数是否一样？具体说明。

3. 下述情况对实验有何影响？

(1) 移液管混用。

(2) 先加 $K_2S_2O_8$ 溶液，最后加 KI 溶液。

(3) 往 KI 等混合液中加 $K_2S_2O_8$ 溶液时，不是迅速而是慢慢加入。

(4) 在测试温度对反应速度的影响时，加入 $K_2S_2O_8$ 后将盛反应溶液的容器移到恒温水浴之外。

（牟元华）

实验 3.9　化学反应摩尔焓变的测定(2 h)

一、实验目的

1. 了解测定化学反应摩尔焓变的原理和方法；

2. 熟练掌握精密温度计、磁力搅拌器的正确使用。

二、实验原理

通常化学反应是在等压条件下进行的，此时化学反应的热效应称为等压热效应 Q_p。在化学热力学中，则是用反应体系的焓变 $\Delta_r H$ 来表示。在标准状态下(通常规定 100 kPa 为标准态压力，记为 $p^\ominus$。把体系中各固体、液体物质处于 $p^\ominus$ 下的纯物质，气体则在 $p^\ominus$ 下表现出理想气体性质的纯气体状态称为热力学标准态)化学反应的焓变称为化学反应的标准焓变，用 $\Delta_r H^\ominus$ 表示，下标“r”表示一般的化学反应，上标“$\ominus$”表示标准状态。在实际工作中，许多重要的数据都是在 298.15 K 下测定的，通常用 298.15 K 下的化学反应的焓变，记为 $\Delta_r H^\ominus$(298.15 K)。

本实验是测定固体物质锌粉和硫酸铜溶液中的铜离子发生置换反应的化学反应焓变：

$$Zn(s) + CuSO_4(aq) = Zn\ SO_4(aq) + Cu(s)$$

$$\Delta_r H_m^\ominus(298.15\ K) = -217\ kJ \cdot mol^{-1}$$

这个热化学方程式表示：在标准状态，298.15 K 时，发生了一个单位的反应，即 1 mol 的 Zn 与 1 mol 的 $CuSO_4$ 发生置换反应生成 1 mol 的 $ZnSO_4$ 和 1 mol 的 Cu，此时的化学反应的焓变 $\Delta_r H_m^\ominus$(298.15 K)称为 298.15 K 时的标准摩尔焓变，其单位为 $kJ \cdot mol^{-1}$。

测定化学反应热效应的仪器称为量热计。对于一般溶液反应的摩尔焓变，可用图 3-7 所示的“保温杯式”量热计来测定。

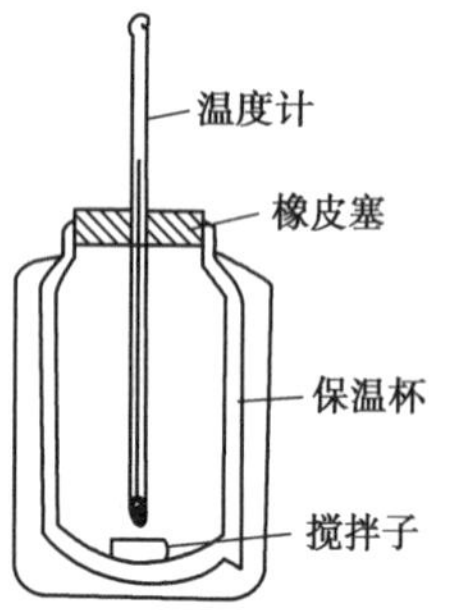

图 3-7　简易量热计示意图

在实验中，若忽略量热计的热容，则可根据已知溶液的比热容、溶液的密度、浓度、实验中所取溶液的体积和反应过程中（反应前和反应后）溶液的温度变化，求得上述化学反应的摩尔焓变。其计算公式如下：

$$\Delta_r H_m[(273.15+t_{温})K] = -\Delta T \cdot c \cdot \rho \cdot V \cdot \frac{1}{\Delta\xi} \cdot \frac{1}{1\ 000}\ kJ \cdot mol^{-1} \tag{3-14}$$

式中　$\Delta_r H_m$—— 在实验温度（273.15+$t_{温}$）K 时的化学反应摩尔焓变，kJ/mol；

ΔT—— 反应前后溶液温度的变化，K；

c—— $CuSO_4$ 溶液的比热容，$J \cdot g^{-1} \cdot K^{-1}$；

ρ —— $CuSO_4$ 溶液的密度，$g \cdot cm^{-3}$；

V —— $CuSO_4$ 溶液的体积，cm^3；

$\Delta\xi$ —— 反应进度变，$\Delta\xi = \Delta n(CuSO_4)/v(CuSO_4)$，mol。

三、仪器与试剂

1. 仪器

台天平、量热计、精密温度计（−5 ～+50 ℃，0.1 ℃刻度）、移液管（50 cm^3）、洗耳球、移液管架、磁力搅拌器、称量纸。

2. 试剂

0.200 0 mol/L $CuSO_4$ 溶液，Zn 粉（AR）。

注：0.200 0 mol/L $CuSO_4$ 溶液的配制与标定如下。

①取比所需量稍多的分析纯级 $CuSO_4 \cdot 5H_2O$ 晶体于一干净的研钵中研细后，倒入称量瓶或蒸发皿中，再放入电热恒温干燥箱中，在低于 60 ℃的温度下烘 1～2 h，取出，冷至室温，放入干燥器中备用。

②在分析天平上准确称取研细、烘干的 $CuSO_4 \cdot 5H_2O$ 晶体 49.936 g 于 1 只 250 cm^3 的烧杯中，加入约 150 cm^3 的去离子水，用玻璃棒搅拌使其完全溶解，再将该溶液倾入 1 000 cm^3 容量瓶中，用去离子水将玻璃棒及烧杯漂洗 2～3 次，洗涤液全部注入容量瓶中，最后用去离子水稀释到刻度，摇匀。

③取该 $CuSO_4$ 溶液 25.00 cm^3 于 250 cm^3 锥形瓶中，将 pH 值调到 5.0，加入 10 cm^3 $NH_3 \cdot H_2O\text{-}NH_4Cl$ 缓冲溶液，加入 8～10 滴 PAR 指示剂*，4～5 滴次甲基蓝指示剂，摇匀，立即用 EDTA 标准溶液滴定到溶液由紫红色转为黄绿色时为止。

四、实验步骤

用 50 cm^3 移液管准确移取 200.00 cm^3 的 0.200 0 mol/L $CuSO_4$ 溶液，注入已经洗净，擦

* PAR 指示剂，化学名称为 4-(2-吡啶偶氮)-间苯二酚，结构式为：

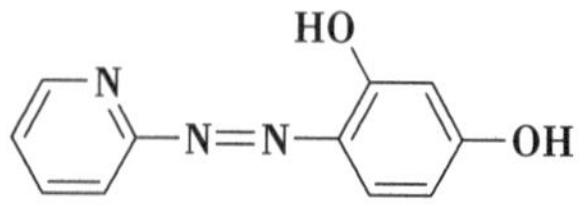

干的量热计中，盖紧盖子，在盖子中央插有一支最小刻度为 0.1 ℃的精密温度计。

双手扶正，握稳量热计的外壳，不断摇动或旋转搅拌子（转速一般为 200 ~ 300 r/min），每隔 0.5 min 记录 1 次温度数值，直至量热计内 $CuSO_4$ 溶液与量热计温度达到平衡且温度计指示的数值保持不变为止（一般约需 3 min）。

用台天平称取 Zn 粉 3.5 g。启开量热计的盖子，迅速向 $CuSO_4$ 溶液中加入称量好的 Zn 粉 3.5 g，立即盖紧量热计盖子，不断摇动量热计或旋转搅拌子，同时每隔 0.5 min 记录一次温度数值，一直到温度上升至最高位置，仍继续进行测定直到温度下降或不变后，再测定记录 3 min，测定方可终止。

倾出量热计中反应后的溶液时，若用磁力搅拌器，小心不要将所用的搅拌子丢失。

五、实验数据记录与处理

1. 反应时间与温度的变化

室温 t=__________℃

$CuSO_4$ 溶液的浓度 $c(CuSO_4)$= __________ mol/L

$CuSO_4$ 溶液的密度 $\rho(CuSO_4)$= __________ g/L

记录并填写表 3-11。

表 3-11　反应时间与温度变化

反应进行的时间 t/min	
温度计指示值 $t_{温}$/℃	
温度 T/(273.15+$t_{温}$)K	

$CuSO_4$ 溶液的比热容 $c=4.18(J \cdot g^{-1} \cdot K^{-1})$

2. 作图求 ΔT

由于量热计并非严格绝热，在实验时间内，量热计不可避免地会与环境发生少量热交换。用作图推算的方法（图 3-8），可适当地消除这一影响。

实验误差的计算及误差产生原因的分析。

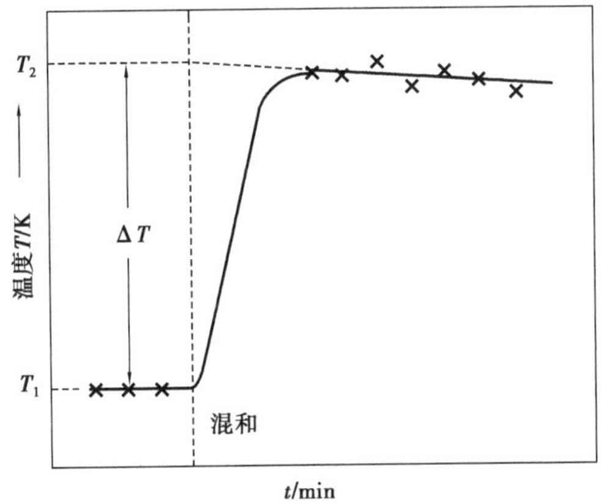

图 3-8　反应时间与温度变化的关系

六、思考题

1. 为什么本实验所用的 $CuSO_4$ 溶液的浓度和体积必须准确，而实验中所用的 Zn 粉则用台天平称量？

2. 在计算化学反应焓变时，温度变化 ΔT 的数值，为什么不采用反应前（$CuSO_4$ 溶液与 Zn 粉混合前）的平衡温度值与反应后（$CuSO_4$ 溶液与 Zn 粉混合）的最高温度值之差，而必须采用 $t-T$ 曲线外推法得到的 ΔT 值？

3. 本实验中对所用的量热计、温度计有什么要求？是否允许反应器内有残留的洗液或水？为什么？

（王孝华）

实验 3.10　水样的电导率测定(1 h)

一、实验目的

学习电导率仪的使用方法并测定各种水样的电导率。

二、实验原理

由于水中常溶有无机盐离子，并存在微弱的电离，所以水是一种电解质溶液，具有导电现象，离子浓度越大，导电能力越强。

导体导电能力的大小，一般用电阻 R 或电导 G 表示，两者互为倒数，即：

$$G=\frac{l}{R} \tag{3-15}$$

电阻的国际单位为欧姆，符号为 Ω；电导的国际单位为西门子，符号为 S。

在温度一定时，两极间溶液的电阻与两极间的距离 l 成正比，与电极面积 A 成反比，即：

$$R\propto\frac{l}{A} \tag{3-16}$$

或

$$R=\frac{\rho l}{A} \tag{3-17}$$

比例常数 ρ 称为电阻率，国际单位为欧·米，符号为 Ω·m。电阻率的倒数，称为电导率 k：

$$1/\rho=k \tag{3-18}$$

电导率的国际单位为西门子·米$^{-1}$，符号为 $S\cdot m^{-1}$；常用单位微西门子·厘米$^{-1}$，符号为 $\mu S\cdot cm^{-1}$。

将式(3-17)、式(3-18)代入式(3-15)得：

$$G=\frac{kA}{l} \tag{3-19}$$

$$k=\frac{Gl}{A} \tag{3-20}$$

由式(3-20)可知,当 $l/A=1$ 时,$k=G$,所以 k 在数值上等于相距为 1 单位长度和大小为 1 单位面积的两个电极间的溶液的电导。

水中含盐量越高导电性越好,电导率越大;反之,水的纯度越高,电导率越小。各种水样的电导率见表 3-12。

表 3-12　各种水样的电导率

水样	自来水	蒸馏水	去离子水	高纯水
电导率 $k/(\mathrm{S\cdot m^{-1}})$	$0.5\sim5\times10^{-2}$	10^{-3}	10^{-4}	5.5×10^{-6}

三、仪器与试剂

1. 仪器

电导率仪、烧杯(50 $\mathrm{cm^3}$)、电导电极。

2. 试剂

各种水样(自来水、蒸馏水、去离子水、高纯水)。

四、实验内容

取 3 个小烧杯,各取自来水、去离子水(蒸馏水)、高纯水 50 $\mathrm{cm^3}$ 于烧杯内,取样前应用待测水样将烧杯清洗 2~3 次。用电导率仪依次测出它们的电导率,记录数据,填写表 3-13。电导率仪的使用参见第 2 章 2.3.2 小节:电导率仪。

表 3-13　实验测得电导率

水样	自来水	去离子水(蒸馏水)	高纯水
$k/(\mathrm{\mu S\cdot cm^{-1}})$			
$k/(\mathrm{S\cdot m^{-1}})$			

注:$1\ \mathrm{S\cdot m^{-1}}=10^4\ \mathrm{\mu S\cdot cm^{-1}}$。

五、注意事项

测定任意水样的电导率前,要用该水样清洗电极。

六、思考题

1. 用电导率仪测定水纯度的根据是什么?

2. 下列情况对测定电导率有何影响?

(1)测定电导率时电导电极上的铂片未全部浸入待测水样。

(2)测定电导率时烧杯或电导电极洗涤不干净。

(王孝华)

实验 3.11　氧化还原反应与电化学(3 h)

一、实验目的

1. 了解原电池的组成及其电动势的测定。
2. 应用电极电势的相对大小判断物质氧化还原能力的相对强弱。
3. 了解测定电极电势的方法及影响电极电势的因素。
4. 了解金属腐蚀的基本原理及防治的方法。

二、实验原理

电极电势的相对大小可以定量地衡量氧化态或还原态物质在水溶液中的氧化或还原能力的相对强弱。电对的电极电势代数值越大,氧化态物质的氧化能力越强,对应的还原态物质的还原能力越弱;反之亦然。水溶液中自发进行的氧化还原反应的方向可由电极电势数值加以判断。在自发进行的氧化还原反应中,氧化剂电对的电极电势代数值应大于还原剂电对的电极电势代数值。

Nernst 方程式反映了电极反应中离子浓度与电极电势的关系:

$$E_{(电极)}=E^{\ominus}_{(电极)}+\frac{RT}{ZF}\ln\frac{[c(氧化态)/c^{\ominus}]^{\alpha}}{[c(还原态)/c^{\ominus}]^{\beta}} \tag{3-21}$$

当 $T=298.15\ \mathrm{K}$ 时,将 R、F 值代入上式,Nernst 公式可写成:

$$E_{(电极)}=E^{\ominus}_{(电极)}+\frac{0.059\ 2V}{z}\ln\frac{[c(氧化态)/c^{\ominus}]^{\alpha}}{[c(还原态)/c^{\ominus}]^{\beta}} \tag{3-22}$$

原电池由正、负极组成,其电动势 E 值大小与组成原电池正极的电极电势 E_+值和负极的电极电势 E_-值大小有关:

$$E=E_+-E_- \tag{3-23}$$

原电池电动势 E 可用实验手段测量。本实验采用酸度计(由于酸度计的内阻极大,测量时回路中电流强度极小,原电池的内压降近似为零,测得的外电压降就可近似地作为原电池的电动势)测量原电池电动势。该仪器的使用方法请参阅第 2 章 2.3.3 小节:酸度计。

金属腐蚀主要有两种情况:化学腐蚀和电化学腐蚀。金属因与介质接触而发生化学反应引起的腐蚀称为化学腐蚀;金属因形成原电池发生电化学作用引起的腐蚀称为电化学腐蚀。化学反应引起的破坏一般只在金属表面,而电化学作用引起的破坏不仅在金属表面,还可以在金属内部发生,因此电化学腐蚀对金属的危害更大。防止金属被腐蚀的方法之一是使金属与介质隔开。例如,在金属表面涂漆,镀上耐腐蚀性能良好的金属或合金,使金属表面形成一层致密的氧化膜或磷化膜等。电化学防腐法(如阴极保护法)和缓蚀剂法(在腐蚀介质中加入能防止或延缓腐蚀过程的物质),也是常用的防腐蚀方法。

三、仪器与试剂

1. 仪器

离心试管，酸度计，锌电极，铜电极，甘汞电极，盐桥，烧杯（50 cm^3），滴管，玻璃棒，表面皿，带夹的导线。

2. 试剂

HCl（0.1 mol/L），$NH_3 \cdot H_2O$（6 mol/L），$CuSO_4$（0.100 0 mol/L），$ZnSO_4$（0.100 0 mol/L），酚酞（1%），NaCl（1 mol/L），$K_3[Fe(CN)_6]$（0.1 mol/L），铁钉，锌片，锯片，铜丝，10%六次甲基四胺溶液，饱和 KCl 滤纸，pH 试纸。

四、实验内容

1. 电极电势的测定及其影响因素

（1）Zn^{2+}/Zn 电极电势的测定

按下列所示装置原电池：

$$Zn \mid ZnSO_4(0.100\ 0\ mol/L) \ \vdots\ \vdots\ 饱和\ KCl \mid Hg_2Cl_2(s) \mid Hg(l) \mid Pt$$

即将 Zn 片和甘汞电极插入 $ZnSO_4$（0.100 0 mol/L）溶液中，组成一个 Zn-Hg 原电池，测其电动势，记录测定的数值及实验时的室温 $t_{温}$℃，然后计算 Zn^{2+}/Zn 的电极电势。

饱和甘汞电极的电极电势：

$$E_{甘汞}=0.241\ 0\ V-0.000\ 65(t_{温}-25)V \tag{3-24}$$

（2）Cu^{2+}/Cu 电极电势的测定

按下列所示装置原电池：

$$pt \mid Hg(l) \mid Hg_2Cl_2(s) \mid KCl(饱和) \ \vdots\ \vdots\ CuSO_4(0.100\ 0\ mol/L) \mid Cu$$

即将 Cu 片和甘汞电极插入 $CuSO_4$（0.100 0 mol/L）溶液中，组成一个 Hg-Cu 原电池，测其电动势，记录测定的数值及实验时的室温 $t_{温}$℃，然后计算 Cu^{2+}/Cu 的电极电势。

（3）浓度对电极电势的影响（在阴极保护实验之后再做）

取出甘汞电极，在 $CuSO_4$ 溶液中缓缓倒入 $NH_3 \cdot H_2O$（6 mol/L），并不断搅拌至生成的沉淀又溶解生成深蓝色溶液（$Cu^{2+}+4NH_3=[Cu(NH_3)_4]^{2+}$）为止。测量此时的电动势，并计算此时 Cu^{2+}/Cu 的电极电势。

2. 原电池的电动势测定及电解应用

（1）原电池电动势测定

取2只50 cm^3 烧杯，往一只烧杯中加入30 cm^3 $ZnSO_4$ 溶液，插入连有铜导线的锌片，往另一只烧杯中加入30 cm^3 $CuSO_4$ 溶液，插入连有铜导线的铜片，用盐桥把2只烧杯中的溶液连通，即组成了原电池。

按下列所示装置原电池：

$$Zn \mid ZnSO_4(0.100\ 0\ mol/L) \ \vdots\ \vdots\ CuSO_4(0.100\ 0\ mol/L) \mid Cu$$

用酸度计测定其电动势，共测两次，分别记录数据，取其平均值为 Cu-Zn 原电池的电动势值。

(2)电解氯化钠水溶液

取一张滤纸放在表面皿上并以 NaCl 溶液润之,再加入 1 滴酚酞指示剂。将上述原电池两极上的铜导线的两端隔开一段距离并均与滤纸接触(图 3-9)。数分钟后,观察滤纸上导线接触点附近颜色的变化。

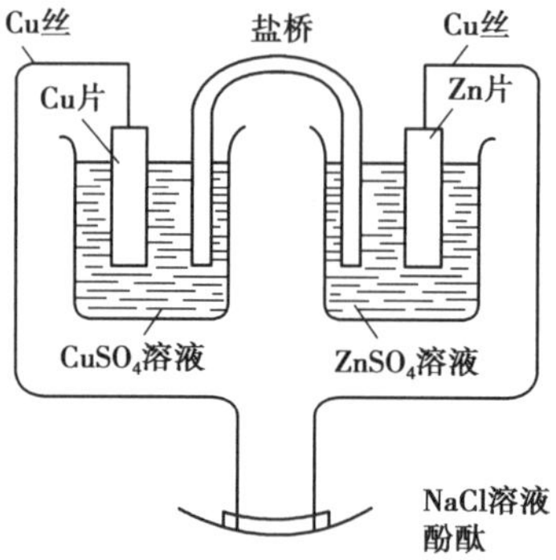

图 3-9 原电池及其检验装置

试写出电解池两电极上的反应,并说明导线接触点附近颜色变化的原因。

(该电池保留,用于做金属腐蚀防护中的阴极保护实验)

3. 金属腐蚀与防护

(1)腐蚀原电池的形成

取纯锌一小块,放入装有 2 ~3 cm^3 0.1 mol/L HCl 溶液的试管中,观察现象。再取一根铜丝插入试管内与锌块接触,观察现象(注意气泡发生的地方)。写出反应式并加以解释。

(2)差异充气腐蚀

向用砂纸磨光的铁片上滴 1 ~2 滴自己配制的溶液(1 cm^3 NaCl+2 滴 $K_3[Fe(CN)_6]$+2 滴 1% 酚酞溶液),观察现象,静置 3 ~5 min 后再仔细观察液滴不同部位所产生的颜色,为什么?写出有关反应式。

(3)金属腐蚀的防护

①缓蚀剂法:在 2 支试管中加入 2 cm^3 HCl 溶液,并各加入 2 滴 $K_3[Fe(CN)_6]$溶液,再向其中一试管中加入 10 滴六次甲基四胺溶液,另一试管中加入 10 滴水(使两试管中 HCl 浓度相同)。选表面积约相等的两枚小铁钉,用水洗净后同时投入上述两试管中,静置一段时间后观察现象,并比较两试管中蓝色出现的快慢与深浅。

②阴极保护法:将一条滤纸片放置于表面皿上,并用自己配制的腐蚀液[同(2)]润湿。将两枚铁钉隔开一段距离放置于润湿的滤纸片上,并分别与 Cu-Zn 原电池正负极相连。静置一段时间后,观察有何现象并加以解释。

五、思考题

1. 如何确定原电池的正负极? Cu-Zn 原电池的两溶液间为什么必须加盐桥?
2. 为什么含杂质的金属较纯金属易被腐蚀? 简述防止金属腐蚀的一般原理。

(王孝华)

实验 3.12　水样硬度测定(2 h)

一、实验目的

1. 了解测定水样硬度的表示方法及测定原理。
2. 掌握配合滴定法测定的原理和方法。

二、实验原理

水中所含 Ca^{2+}、Mg^{2+} 的总浓度称为水的总硬度,简称硬度。由镁离子形成的硬度称为“镁硬度”,由钙离子形成的硬度称为“钙硬度”。世界各国表示水硬度的方法不尽相同。我国采用 mmol/L 或 mg/L(以 $CaCO_3$ 计)为单位表示水的硬度。

硬度有暂时硬度和永久硬度之分。暂时硬度是指水中含有的钙、镁的酸式碳酸盐。暂时硬度受热生成碳酸盐沉淀而除去。反应如下:

$$Ca(HCO_3)_2 \xrightarrow{\triangle} CaCO_3\downarrow + H_2O + CO_2\uparrow$$

$$Mg(HCO_3)_2 \xrightarrow{\triangle} MgCO_3\downarrow + H_2O + CO_2\uparrow$$

永久硬度是指水中含有的钙、镁的硫酸盐、氯化物、硝酸盐等。由于这些盐类不可能借煮沸生成沉淀而除去,因此习惯上把它称为永久硬度。硬水不适宜于工业上使用,如锅炉里用了硬水,经长期烧煮后,会生成锅垢,既浪费燃料,又易阻塞管道,可能造成重大事故。

水的硬度是饮用水、工业水指标之一,测定水样硬度的标准方法是配合滴定法。总硬度测定以铬黑 T(HIn^{2-})为指示剂,控制溶液的酸度为 pH≈10,以 EDTA 标准溶液滴定之。由 EDTA 溶液的浓度和用量,可算出水的总硬度。反应过程如下:

$$\underset{\text{蓝色}}{Ca^{2+}(Mg^{2+}) + HIn^{2-}} = \underset{\text{红色}}{CaIn^-(Mg\ In^-)} + H^+$$

$$Ca^{2+}(Mg^{2+}) + H_2Y^{2-} = CaY^{2-}(MgY^{2-}) + 2H^+$$

$$\underset{\text{红色}}{CaIn^-(Mg\ In^-)} + H_2Y^{2-} = CaY^{2-} + \underset{\text{蓝色}}{HIn^{2-}} + H^+$$

钙硬度测定是将水样用 NaOH 溶液调节至 pH>12,此时 Mg^{2+} 完全沉淀为 $Mg(OH)_2$ 沉淀,而 Ca^{2+} 不沉淀。加入钙黄绿素-百里酚酞混合指示剂数滴,则钙黄绿素与 Ca^{2+} 配位形成绿色荧光配合物。用 EDTA 标准溶液滴定,溶液中的游离 Ca^{2+} 与 EDTA 配位。当滴定达到化学计量点时,EDTA 夺取 Ca-钙黄绿素配合物中的 Ca^{2+} 生成 CaY^{2-},使钙黄绿素游离出来,溶液呈现紫红色,指示滴定终点到达。

根据 EDTA 标准溶液的浓度和用量计算 Ca^{2+} 含量。从测定的 Ca^{2+},Mg^{2+} 总量中减去 Ca^{2+} 含量,可以得到 Mg^{2+} 的含量。

水的硬度按下式计算：

$$X=\frac{c(\text{EDTA})\times V(\text{EDTA})}{V(\text{水样})}\times 1\ 000(\text{mmol/L})$$

$$=\frac{c(\text{EDTA})\times V(\text{EDTA})}{V(\text{水样})}\times 1\ 000\times M(\text{CaCO}_3)(\text{mg/L}) \qquad (3\text{-}25)$$

式中 X——水的总硬度；

$M(CaCO_3)$ ——$CaCO_3$ 的摩尔质量；

c(EDTA)——EDTA 标准溶液的浓度,mol/L；

V(EDTA)——滴定消耗的 EDTA 溶液的体积,cm^3；

V(水样)——所取水样的体积,cm^3。

钙硬度为：

$$Y=\frac{c(\text{EDTA})\times V'(\text{EDTA})}{V(\text{水样})}\times 1\ 000(\text{mmol/L})$$

$$=\frac{c(\text{EDTA})\times V'(\text{EDTA})}{V(\text{水样})}\times 1\ 000\times M(\text{CaCO}_3)(\text{mg/L}) \qquad (3\text{-}26)$$

式中 V'(EDTA)——滴定钙硬度时消耗的 EDTA 溶液的体积,cm^3。

其余符号的意义与式(3-25)相同。

镁硬度为：

$$Z=X-Y \qquad (3\text{-}27)$$

三、仪器与试剂

1. 仪器

50 cm^3 移液管、250 cm^3 锥形瓶、250 cm^3 烧杯、酸式滴定管。

2. 试剂

EDTA 标准溶液 c(EDTA)= 0. 005 00 mol/L,KOH 溶液 20%(m/V),NH_3-NH_4Cl 缓冲溶液(pH≈10),钙黄绿素-百里酚酞混合指示剂,铬黑 T 指示剂。

四、实验内容

1. 总硬度的测定

用 50 cm^3 移液管量取水样 50 cm^3,放入 250 cm^3 锥形瓶中,加入 10 cm^3 NH_3-NH_4Cl 缓冲溶液,摇匀,再加入少量铬黑 T 指示剂,再摇匀,此时溶液呈酒红色,以 0. 005 00 mol/L EDTA 标准溶液滴定至纯蓝色,即为终点。

2. 钙硬度的测定

用 50 cm^3 移液管量取水样 50 cm^3,放入 250 cm^3 烧杯中,加 4 cm^3 20% KOH 溶液和适量钙黄绿素-百里酚酞指示剂,此时溶液应出现绿色荧光,立即用 0. 005 00 mol/L EDTA 溶液滴定到溶液的绿色荧光消失并突变为紫红色,即为终点。

3. 镁硬度的测定

由步骤 1、步骤 2 消耗的 EDTA 标准溶液体积和式(3-27),计算得镁硬度。

五、注意事项

1. 此取样量适于硬度按碳酸钙计算为 1～250 mg/L 的水样。若硬度大于 250 mg/L 碳酸钙，则取样量相应减少；若水样不是澄清的，则必须过滤之。

2. 硬度较大的水样，在加缓冲液后常析出碳酸钙、碱式碳酸镁微粒，使滴定终点不稳定。遇此情况，可于水样中加适量稀盐酸溶液，摇匀后再调至近中性，然后加缓冲液，则终点稳定。

3. 测定总硬度时，加入铬黑 T 要适量，太少会使终点变色不敏锐；太多会使终点滞后。

4. 钙黄绿素-百里酚酞混合指示剂的加量不宜过多，在能识别荧光的前提下，加量越少越好。

六、思考题

1. 在水的硬度测定中，滴定管、移液管、锥形瓶应如何洗涤？

2. 用 EDTA 法测定水硬度时，哪些离子的存在有干扰？如何消除？

（饶晓蓓）

实验 3.13　金属电镀(2 h)

一、实验目的

1. 加深对电极电势、电解原理的理解。

2. 了解电镀原理及方法。

3. 了解电镀的工艺过程。

二、实验原理

通过电化学过程，使金属或非金属工件的表面上再沉积一层金属的方法称为电镀。该技术广泛应用于国民经济的各个生产和研究部门。电镀层的主要作用是，提高金属工件在使用环境中的抗蚀性能；装饰工件的外表，使其光亮美观；提高工件的工作性能。

电镀是电解原理的具体应用。电镀时，被镀工件作阴极，欲镀金属作阳极，电解液中含欲镀金属离子。电镀进行中，阳极溶解成金属离子，溶液中的欲镀金属离子在金属工件表面以金属单质或合金的形式析出。本实验是在金属铜片上镀镍。

三、仪器与试剂

1. 仪器

直流稳压稳流电源，铜片（15 mm×80 mm×2 mm），镍片（15 mm×80 mm×2 mm），烧杯（作电镀槽），电热板，砂纸（粗、细），玻璃棒，导线（带鳄鱼夹）。

2. 试剂

碱洗液（除油）：Na_2CO_3（25～30 g/L），NaOH（25～30 g/L）。

酸洗液：H_2SO_4（6 mol/L）。

电镀液：$NiSO_4$(140 g/L)，$MgSO_4$(30 g/L)，Na_2SO_4(50 g/L)，H_2BO_3(20 g/L)，NaCl(5 g/L)，酸度(pH=5~5.5)。使用过程中若出现沉淀，应周期性地过滤后使用。

四、实验内容

将欲镀工件先用粗砂纸，后用细砂纸仔细打磨，磨掉工件表面的铁锈和锈斑，并使粗糙的工件表面尽可能平滑光亮。然后用自来水冲洗干净。

将打磨好的工件放入50~60 ℃的碱洗液浸泡5~10 min，同时不断搅动碱洗液。然后将工件取出用自来水冲洗掉表面上附着的碱液。若工件表面被一层均匀的水膜覆盖，而不附有水珠时，表明除油达到要求；否则，重新除油，直到达到要求为止。

将除油达到要求且冲洗干净的工件放入酸洗液中浸泡约1 min，同时不断搅动工件，取出用自来水冲洗工件表面附着的酸液。

按图3-10所示装置接好线路。将处理好的待镀工件挂在电镀槽阴极上。电镀液温度20~40 ℃，直流稳压稳流电源采用恒流运行方式，调整稳流旋钮，使表上显示的电流数值为0.1~0.5 A，电镀进行15~20 min。然后，切断电源，取出工件，用水冲洗干净。观察记录所得金属镍镀层表观性状。

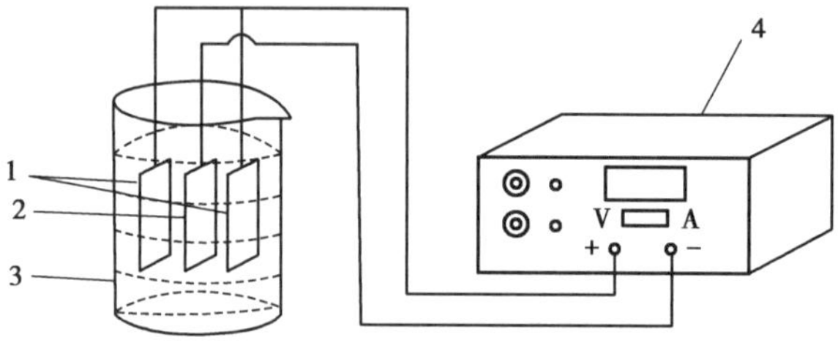

图3-10　电镀装置示意图

1—镍极(阳极)；2—镀件(阴极)；3—电镀池；4—直流稳压稳流电源

附：直流稳压稳流电源的使用方法

YDX双路30 V/3 A直流稳压稳流电源的输出电压、电流都可以从零开始，连续可调，输出电压与输出电流在输出功率上建立了严格的欧姆定律。双路稳压稳流电源中每一路都能独立工作，互相是隔离的，可以进行串、并联使用。

1. 仪器面板示意图

YDX双路30 V/3 A直流稳压稳流电源面板如图3-11所示。

2. 使用方法

(1)恒压运行

①开机前将稳压调整旋钮逆时针调到头，稳流调整旋钮顺时针调到头。

②打开电源开关，慢慢顺时针方向调节稳压旋扭，使表上显示所需电压(此时检测开关置于“V”挡)。

③关掉电源，按“+”“-”连接好负载，打开电源，稳压指示灯(红色)亮，设备处于稳压运行。此时输出电流大小可通过按下检测开关(置于A)在表上显示出来。

④若想转换到稳流状态工作，只要将稳流旋钮逆时针慢慢旋转到稳流指示灯(绿色)亮，稳压指示灯(红色)熄灭，设备便处于稳流运行。

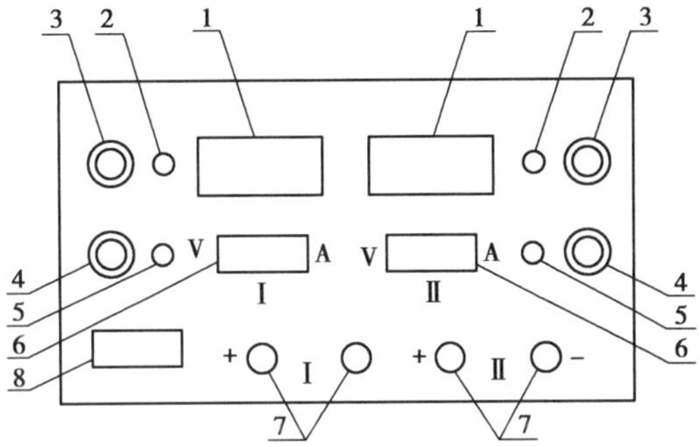

图3-11 YDX双路30 V/3 A直流稳压稳流电源面板示意图
1—显示器;2—稳压指示灯;3—调压旋钮;4—调流旋钮;
5—稳流指示灯;6—检测开关;7—输出;8—电源开关

(2)恒流运行

①开机前,先将稳流旋钮逆时针调到头,稳压旋钮顺时针调到头。

②接好负载,然后打开电源开关,此时稳流指示灯(绿色)亮,检测开关置于A,观察输出电流的大小。

③慢慢顺时针调整稳流旋钮,使表上显示的电流数值到负载所需要的数值即可。

五、注意事项

1. 电镀要确保阴、阳极的正确连接,严格调整好电镀参数。
2. 进行电镀时,铜片和镍片不能接触。

六、思考题

1. 电镀前为什么要对工件进行打磨、碱洗、酸洗等处理?
2. 镀层质量的好坏与哪些因素有关?

(王孝华)

实验3.14 由粗食盐制备试剂级氯化钠(3 h)

一、实验目的

1. 掌握粗食盐提纯原理。
2. 了解盐类溶解度知识在无机物提纯中的应用。
3. 熟悉离心、过滤、吸滤、浓缩结晶等操作。
4. 学习中间控制检验方法。

二、实验原理

氯化钠(NaCl)试剂可由粗食盐提纯而得,一般粗食盐中含有泥沙等不溶性杂质及KCl、

$CaCl_2$ 和 $MgSO_4$ 等可溶性杂质。泥沙可在粗食盐溶解后过滤除去,其他可溶性杂质的溶解度随温度变化不大,因此一般的结晶方法无法除去,为此要用化学方法进行离子分离。

在粗食盐溶液中加入稍过量的 $BaCl_2$ 溶液,则

$$Ba^{2+}+SO_4^{2-} \xlongequal{} BaSO_4\downarrow$$

滤去 $BaSO_4$ 沉淀,即可除去 SO_4^{2-}。

加入 NaOH 和 Na_2CO_3 溶液,其化学反应为:

$$2Mg^{2+}+2OH^-+CO_3^{2-} \xlongequal{} Mg_2(OH)CO_3\downarrow$$

$$Ca^{2+}+CO_3^{2-} \xlongequal{} CaCO_3\downarrow$$

$$Ba^{2+}+CO_3^{2-} \xlongequal{} BaCO_3\downarrow$$

滤去沉淀,不仅除掉 Mg^{2+},Ca^{2+},而且连前一步骤中过量的 Ba^{2+} 也除去了。过量的 NaOH 与 Na_2CO_3,则可用 HCl 中和除去。

少量用沉淀剂不能除去的其他可溶性杂质,如 KCl,在最后的浓缩结晶的过程中,可留在母液中而与氯化钠晶体分开。少量多余的 HCl,在干燥氯化钠晶体时,以氯化氢形式逸出。

三、仪器与试剂

1. 仪器

200 cm^3 烧杯,100 cm^3 烧杯,50 cm^3 烧杯,10 cm^3 离心试管,100 cm^3 有柄蒸发皿,250 cm^3 锥形瓶,25 cm^3 比色管,玻璃漏斗,布氏漏斗,离心机,真空泵。

2. 试剂

粗食盐,$BaCl_2$ 溶液(0.5 mol/L),Na_2CO_3 溶液(0.5 mol/L),盐酸溶液(2 mol/L),淀粉溶液(1%),荧光素指示剂(0.5%),$AgNO_3$ 标准溶液(0.100 0 mol/L),NaOH 溶液(0.10 mol/L)。

四、实验内容

1. 溶盐

在台秤上称取 15 g 粗食盐于 200 cm^3 烧杯中,加入 60 cm^3 蒸馏水。加热搅拌溶解,溶液中如有少量不溶性杂质,可留待下一步过滤时一并除去。

2. 化学处理

(1)将滤液加热煮沸,用小火维持微沸

边搅拌,边逐滴加入 3 cm^3 0.5 mol/L $BaCl_2$ 溶液。反应完全后,为判断其中的 SO_4^{2-} 是否已沉淀完全,需要进行中间控制检验,方法如下:

取离心试管 2 支,各加入上述溶液 2 cm^3,离心沉降后,沿其中 1 支离心试管的管壁滴入 3 滴 $BaCl_2$ 溶液,另一支留作比较。如无混浊产生,说明 SO_4^{2-} 已沉淀完全,若清液变浑,需要再往烧杯中加适量的 $BaCl_2$ 溶液,并将溶液煮沸。如此操作,反复检验、处理,直至 SO_4^{2-} 沉淀完全为止。观察检验液时,未见沉淀,则检验液可倒回原处理液中。静置,待处理液充分冷却后,用玻璃漏斗过滤,保留滤液,弃去沉淀。

(2)除去 Ca^{2+}、Mg^{2+}、Ba^{2+}

将滤液加热至沸,用小火维持微沸。边搅拌边逐滴加入 5 cm^3 的 0.5 mol/L Na_2CO_3 溶液,待生成的沉淀下沉后,需进行中间控制检验以判断 Ca^{2+}、Mg^{2+}、Ba^{2+} 是否已沉淀完全,方法

类似于(1)中步骤。取少量上层清液,加1～2滴 Na_2CO_3 溶液,如果有混浊,需在微沸条件下向滤液中继续加 Na_2CO_3 溶液,直到 Ca^{2+}、Mg^{2+}、Ba^{2+} 除尽为止。冷却过滤,弃去沉淀。

(3)除去多余的 CO_3^{2-}

在滤液中滴加2 mol/L HCl,调 pH=3～4。

3. 蒸发、干燥

(1)蒸发浓缩,析出纯NaCl

将用盐酸处理后的溶液蒸发,当液面出现晶体时,改用小火加热并不断搅拌,以免溶液溅出。蒸发后期,再检查溶液的pH值(此时暂不加热),必要时,可加1～2滴2 mol/L HCl,保持溶液微酸性(pH≈6)。当溶液蒸发至稀糊状时(切勿蒸干!)停止加热。冷却后,减压过滤,尽量将NaCl晶体抽干。

(2)干燥

将NaCl晶体放入有柄蒸发皿中,在石棉网上用小火烘炒,应不停地用玻璃棒翻动,以防结块。待无水蒸气逸出后,再用大火烘炒数分钟。得到的NaCl晶体应是洁白和松散的。冷却后在台秤上称重,计算收率。

4. 产品检验

(1)氯化钠含量的测定

在电子天平上,用减量法准确称取0.150 0 g干燥恒重的产品,溶于70 cm^3 水中,加10 cm^3 1%的淀粉溶液,在振摇下用0.100 0 mol/L $AgNO_3$ 标准溶液避光滴定,接近终点时,加3滴0.5%荧光素指示剂,继续滴定至乳液呈粉红色。氯化钠含量(x)按下式计算:

$$x=\frac{\frac{V}{1\ 000}\times c\times 58.44}{G} \tag{3-28}$$

式中 V——滴定消耗 $AgNO_3$ 标准溶液的体积,cm^3;

c——$AgNO_3$ 标准溶液的浓度,mol/L;

G——样品质量,g;

58.44——氯化钠的摩尔质量。

(2)产品纯度的检验

称取粗食盐和提纯后的精盐各1 g,溶于6 cm^3 蒸馏水中,然后分盛于3支试管中,用下述方法检验精盐的纯度。

SO_4^{2-} 离子的检验:加入两滴饱和 $BaCl_2$ 溶液,观察有无白色的 $BaSO_4$ 沉淀生成。

Ca^{2+} 离子的检验:加入两滴饱和 $(NH_4)_2C_2O_4$ 溶液,观察有无白色的 CaC_2O_4 沉淀生成。

Mg^{2+} 离子的检验:加入两滴NaOH溶液(2 mol/L),再加入几滴镁试剂,如有蓝色沉淀产生,则表示有 Mg^{2+} 存在。

五、注意事项

目视比色时应注意:

①待测溶液与标准溶液产生颜色或浊度的实验条件要一致。

②所用比色管玻璃质料、形状、大小要一样,比色管上指示溶液体积的刻度位置相同。

③目视比色时,将比色管塞子打开,从管口垂直向下观察,这样观察液层比从比色管侧面

观察的液层要厚得多,能提高观察的灵敏度。

六、思考题

1. 粗食盐中含有哪些杂质?如何用化学方法除去?
2. 为什么选用 $BaCl_2$、Na_2CO_3 作沉淀剂?为什么除去 CO_3^{2-} 要用盐酸而不用其他强酸?
3. 为什么先加 $BaCl_2$ 后加 Na_2CO_3?为什么要将 $BaSO_4$ 过滤掉才加 Na_2CO_3?什么情况下 $BaSO_4$ 可能转化为 $BaCO_3$?
4. 在调 pH 的过程中,若加入的 HCl 量过多,怎么办?为何要调成弱酸性(碱性行吗)?
5. 在浓缩结晶过程中,能否把溶液蒸干?为什么?

七、补充知识

根据我国国家标准《化学试剂　氯化钠》(GB/T 1266—2006),试剂级氯化钠的技术条件为:

①氯化钠含量不少于 99.8%;

②水溶液反应合格;

③杂质最高含量中 SO_4^{2-} 的标准见表 3-14。

表 3-14　氯化钠杂质 SO_4^{2-} 最高含量　　(单位:以质量%计)

规格	优级纯(一级)	分析纯(二级)	化学纯(三级)
含 SO_4^{2-}	0.001	0.002	0.005

(饶晓蓓)

实验 3.15　主族元素(一)(3 h)

一、实验目的

1. 熟悉碱金属的微溶盐生成,练习焰色反应的操作。
2. 掌握锡(Ⅱ)的还原性和铅(Ⅳ)、铋(Ⅴ)的氧化性。
3. 掌握硝酸及其盐、亚硝酸及其盐的重要性质。
4. 学会 NH_4^+、NO_2^-、NO_3^- 和 PO_4^{3-} 等离子的鉴定方法。

二、实验原理

碱金属盐类的溶解性特征是易溶于水,只有少数盐类是难溶水的,其难溶盐一般都由大的阴离子组成,利用这一性质可定性地鉴定 Na^+、K^+。

除铍、镁外,碱金属、碱土金属及其氯化物等盐类,在无色火焰中燃烧能产生各自特征的颜色,此法常用于鉴别这些元素。

锡(Ⅱ)较强的还原性,能将 $HgCl_2$ 还原成白色的 Hg_2Cl_2 沉淀,过量的 $SnCl_2$ 则进一步将

Hg_2Cl_2 还原为黑色的单质汞。PbO_2 是常用的氧化剂，在酸性介质中可把 Cl^- 氧化为 Cl_2，把 Mn^{2+} 氧化为紫红色的 MnO_4^-。+5 价铋显强氧化性，在酸性介质中可把 Mn^{2+} 氧化为紫红色的 MnO_4^-。

硝酸与非金属作用时，常被还原为 NO；与金属作用时，被还原的产物决定于硝酸的浓度和金属的活泼性，浓硝酸一般还原为 NO_2，稀硝酸通常被还原为 NO，当与较活泼的金属如 Fe、Zn、Mg 等作用时，主要还原为 N_2O，若酸很稀则主要被还原为 NH_3，后者与未作用的酸作用生成铵盐。

硝酸盐的热稳定性较差，加热容易放出氧，和可燃物混合极易燃烧而发生爆炸。亚硝酸可通过稀酸和亚硝酸盐的相互作用而制得，但亚硝酸不稳定易分解。亚硝酸具有氧化性，但遇到强氧化剂时也可呈还原性。

磷酸的各种钙盐在水中的溶解度是不同的：$Ca_3(PO_4)_2$ 和 $CaHPO_4$ 难溶于水，而 $Ca(H_2PO_4)_2$ 则易溶于水。

PO_4^{3-} 能和钼酸铵作用，生成黄色难溶的晶体，故可用钼酸铵鉴定 PO_4^{3-}。NO_2^-、NO_3^- 可用棕色环法鉴定。NH_4^+ 常用两种方法鉴定：

①用 NaOH 和 NH_4^+ 反应生成 NH_3，使红色的石蕊试纸变蓝；

②用奈斯勒试剂（K_2HgI_4 的碱性溶液）与 NH_4^+ 反应产生红棕色沉淀。

三、仪器与试剂

1. 仪器

离心机，酒精灯，温度计，试管，烧杯（50 cm^3），离心试管，试管夹，镍铬丝，钴玻璃片。

2. 试剂

NaCl(1 mol/L)，KCl(1 mol/L)，LiCl(1 mol/L)，$CaCl_2$(1 mol/L，s)，$SrCl_2$(1 mol/L)，$BaCl_2$(1 mol/L)，$K[Sb(OH)_6]$（饱和），$NaHC_4H_4O_6$（饱和），HCl(6 mol/L)，Na_2SiO_3(20%)，$CuSO_4$(s)，$ZnSO_4$(s)，$Fe_2(SO_4)_3$(s)，$Co(NO_3)_2$(s)，$NiSO_4$(s)，$HgCl_2$(0.1 mol/L)，$SnCl_2$(0.1 mol/L)，NaOH(2.0 mol/L，6 mol/L)，$SbCl_3$(0.1 mol/L)，$BiCl_3$(0.1 mol/L)，HNO_3(2 mol/L，6.0 mol/L，浓)，$MnSO_4$(0.1 mol/L)，PbO_2(s)，$NaBiO_3$(s)，HCl(6.0 mol/L)，NH_4Cl(0.5 mol/L)，K_2HgI_4(s)，KOH(s)，$NaNO_2$（饱和，0.1 mol/L），H_2SO_4(3.0 mol/L)，KI(0.1 mol/L)，$KMnO_4$(0.1 mol/L)，$FeSO_4 \cdot 7H_2O$(s)，HAc(6.0 mol/L)，S（粉末），KNO_3(0.1 mol/L，s)，$Cu(NO_3)_2$(s)，$AgNO_3$(s)，Na_3PO_4(0.1 mol/L)，Na_2HPO_4(0.1 mol/L)，NaH_2PO_4(0.1 mol/L)，$(NH_4)_2MoO_4$(0.1 mol/L)，$NH_3 \cdot H_2O$(2 mol/L)，铜片，pH 试纸，酚酞试纸。

四、实验内容

1. 碱金属的微溶盐

（1）微溶性钠盐的生成

在一支试管中加入 1cm^3 1 mol/L NaCl 溶液，再加入 1 cm^3 饱和 $K[Sb(OH)_6]$ 溶液。放置数分钟，如无晶体析出，可用玻璃棒摩擦试管内壁，观察现象。写出反应方程式。

(2)微溶性钾盐的生成

在一支试管中加入 1 cm^3 1 mol/L KCl 溶液,再加入 1 cm^3 饱和酒石酸氢钠 $NaHC_4H_4O_6$ 溶液。放置数分钟,如无晶体析出,可用玻璃棒摩擦试管内壁,观察现象。写出反应方程式。

2. 焰色反应

在一支试管中加入 2 cm^3 6 mol/L HCl 溶液,取一根带环的镍铬丝,反复蘸取 HCl 溶液后在酒精灯氧化焰中灼烧,直至火焰近于无色。在点滴板上分别滴入 2 滴 1 mol/L 的 LiCl、NaCl、KCl、$CaCl_2$、$SrCl_2$、$BaCl_2$ 溶液,用洁净的镍铬丝分别蘸取溶液在氧化焰中灼烧,分别观察火焰颜色。观察钾离子的焰色,须通过蓝色钴玻璃片进行。记录各离子的焰色。

3."水中花园"实验

在 50 cm^3 烧杯中加入约 30 cm^3 Na_2SiO_3 溶液(20%),然后分散加入固体 $CaCl_2$、$CuSO_4$、$ZnSO_4$、$Fe_2(SO_4)_3$、$Co(NO_3)_2$ 和 $NiSO_4$ 各一小粒,静置 1 ~2 h 观察"观察石笋"的生成。

4. 锡(Ⅱ)的还原性和铅(Ⅳ)、铋(Ⅴ)的氧化性

①取 1 滴 0.1 mol/L $HgCl_2$ 溶液于试管中,逐滴加入 0.1 mol/L $SnCl_2$ 溶液,观察有何变化,继续滴加有何变化?写出反应方程式。

②取 3 滴 0.1 mol/L $HgCl_2$ 溶液和 10 滴 2.0 mol/L NaOH 溶液,再加 2 滴 0.1 mol/L $BiCl_3$ 溶液,观察现象,写出反应方程式。

③取微量 $PbO_2(s)$,加 1 cm^3 6.0 mol/L HNO_3 溶液和 0.1 mol/L $MnSO_4$,微热后静置片刻,观察现象,写出反应方程式。

④在离心试管中加入 2 滴 0.1 mol/L $MnSO_4$ 溶液和 6 mol/L HNO_3 溶液,再加入少量 $NaBiO_3$ 固体,水浴加热,离心分离,观察紫红色 MnO_4^- 的生成。解释实验现象并写出反应方程式。

5. Sn(Ⅱ),Sb(Ⅲ)和 Bi(Ⅲ)的水解性

①取少量 0.1 mol/L $SnCl_2$ 溶液,加水至有沉淀生成,加 6 mol/L HCl 溶液,沉淀是否溶解,再加水有何变化?解释现象。

②以 0.1 mol/L $SbCl_3$ 溶液代替 $SnCl_2$ 溶液重复上述实验。写出反应方程式。

③以 0.1 mol/L $BiCl_3$ 溶液代替 $SnCl_2$ 溶液重复上述实验。写出反应方程式。

6. 铵离子的检验

①取几滴铵盐溶液置于一表面皿中心,在另一块表面皿中心黏附一小条湿润的酚酞试纸,然后在铵盐溶液中滴加 6.0 mol/L NaOH 溶液至呈碱性,混匀后即将粘有试纸的表面皿盖在盛有试液的表面皿上作为"气室"。将此气室放在水浴上微热,可观察到酚酞试纸变红。

②取几滴铵盐(如 NH_4Cl)溶液于小试管中,加入 2 滴 6.0 mol/L NaOH 溶液,然后再加 2 滴奈斯勒试剂(K_2HgI_4 和 KOH),观察红棕色沉淀的生成。

7. 亚硝酸的生成与性质

(1)亚硝酸的生成和分解

把盛有约 1 cm^3 饱和 $NaNO_2$ 溶液的试管置于冰水中冷却,然后加入约 1 cm^3 3.0 mol/L H_2SO_4 溶液混合均匀,观察有浅蓝色亚硝酸溶液的生成。将试管自冰水中取出放置一段时间,观察亚硝酸在室温下迅速分解。

(2)亚硝酸的氧化性

取 0.5 cm^3 0.1 mol/L KI 溶液于小试管中，加入几滴 3.0 mol/L H_2SO_4 溶液酸化，然后逐滴加入 0.1 mol/L $NaNO_2$ 溶液，观察 I_2 的生成，此时 NO_2^- 还原为 NO。写出反应方程式。

取 0.5 cm^3 0.1 mol/L $KMnO_4$ 溶液于小试管中，加入几滴 3.0 mol/L H_2SO_4 溶液酸化，然后逐滴加入 0.1 mol/L $NaNO_2$ 溶液，观察现象，写出反应方程式。

(3)NO_2^- 的鉴定

取 0.5 cm^3 0.1 mol/L $NaNO_2$ 溶液于试管中，加入 1 cm^3 水和少量 $FeSO_4 \cdot 7H_2O$ 晶体，振荡溶解后，加入几滴 6.0 mol/L HAc 酸化，有棕色溶液生成表示有 NO_2^- 离子存在。

8. 硝酸和硝酸盐

(1)硝酸的氧化性

①浓硝酸与非金属的反应：在一支试管中加入少许硫磺粉，加入 1 cm^3 浓硝酸，加热煮沸片刻（在通风橱中进行），冷却后，取少许反应后的溶液，用 $BaCl_2$ 检查有无 SO_4^{2-} 生成，写出反应方程式。

②浓硝酸与金属的反应：取一小块铜片放入试管中，滴加浓硝酸，注意观察放出的气体和溶液的颜色，写出反应方程式。

③稀硝酸与金属的反应：取一小块铜片放入试管中，加入 2.0 mol/L 硝酸，在水浴中微热，与前一实验比较，观察两者有何不同。

另取一小块锌片加入 2.0 mol/L 硝酸，放置几分钟，取少许反应后的溶液，检查有无 NH_4^+（还原产物）生成。写出反应方程式。

总结硝酸与金属、非金属反应的规律，并说明原因。

(2)硝酸盐的热分解

在干燥的小试管中加入少量固体 KNO_3，灼烧至 KNO_3 熔化分解。用火柴余烬试验放出的气体，观察现象。

用 $Cu(NO_3)_2$ 和 $AgNO_3$ 做同样的试验，并观察现象。

总结硝酸盐的热分解与阳离子的关系，并解释之。

(3)NO_3^- 的鉴定

取 1 cm^3 0.1 mol/L KNO_3 溶液于试管中，加入 1 ~ 2 小粒 $FeSO_4 \cdot 7H_2O$ 晶体，振荡溶解后，将试管倾斜，然后沿试管壁慢慢滴加 1 ~ 2 cm^3 的浓硫酸，由于浓硫酸密度大，沉到试管底部，形成两层。观察浓硫酸和溶液两个液层交界处有无棕色环出现。

9. 磷酸盐的性质

用 pH 试纸分别测定浓度同为 0.1 mol/L 的 Na_3PO_4、Na_2HPO_4、NaH_2PO_4 溶液的 pH 值。写出这些盐类的水解反应式。

(1)磷酸的各种钙盐的溶解性

在 3 支试管中加入 10 滴 0.1 mol/L 的 $CaCl_2$ 溶液，然后加入等量的，浓度同为 0.1 mol/L 的 Na_3PO_4、Na_2HPO_4、NaH_2PO_4 溶液，观察 3 支试管中出现沉淀的情况。然后，在无沉淀的试管中滴加 2 mol/L $NH_3 \cdot H_2O$ 溶液，在有沉淀的试管中滴加 2 mol/L HCl 溶液，观察各有何现象。试给予解释并写出反应方程式。

(2)PO_4^{3-} 的鉴别

在一试管中加入 5 滴 0.1 mol/L Na_3PO_4 溶液，再加入 10 滴浓硝酸和 1 cm^3 0.1 mol/L 钼酸铵，微热至 40～50 ℃，观察黄色沉淀的产生。

五、思考题

1. 试设计一个分离 K^+、Mg^{2+}、Ba^{2+} 的实验步骤。
2. 浓硝酸与金属或非金属反应时，主要的还原产物是什么？
3. 如果用 Na_2SO_3 代替 KI 证明 $NaNO_2$ 具有氧化性，应该怎样进行实验？

（汤琪）

实验 3.16　主族元素（二）（3 h）

一、实验目的

1. 掌握过氧化氢的主要性质。
2. 熟悉金属硫化物的溶解性，掌握硫代硫酸盐、过硫酸盐的性质。
3. 比较卤化氢的还原性和学会鉴定 Cl^-、Br^- 和 I^- 的方法。
4. 掌握卤素含氧酸盐的氧化性。

二、实验原理

在 H_2O_2 中，氧元素的氧化数为-1，属中间价态，所以具有氧化性又有还原性。

硫化氢可与多种金属离子不同颜色不同溶解性的金属硫化物，如 Na_2S 溶于水，ZnS 为白色，难溶于水，易溶于稀酸；CuS 为黑色，不溶于盐酸，但可溶于硝酸；而黑色的 HgS 只溶于王水。根据金属硫化物颜色和溶解性不同，可用于分离和鉴定金属离子。

$Na_2S_2O_3$ 在酸性溶液中，由于生成不稳定的 $H_2S_2O_3$ 而迅速分解。$Na_2S_2O_3$ 是重要的还原剂，其氧化产物视反应条件不同而不同。将 Cl_2 气通入 $Na_2S_2O_3$ 溶液中最初析出 S，通入过量的 Cl_2 最后生成 SO_4^{2-}。与中强度的氧化剂如 I_2 作用，产物为连四硫酸钠。

过二硫酸盐是强氧化剂，在 Ag^+ 的催化作用下能将 Mn^{2+} 氧化成紫色 MnO_4^-。

卤素单质在水中的溶解度不大，而在有机溶剂中（如 CS_2、CCl_4 和苯等）溶解度较大，在有机溶剂中 Br_2 显橙色，I_2 显紫色。卤素单质可作氧化剂，其氧化能力的顺序是：$F_2 > Cl_2 > Br_2 > I_2$。而卤素离子的还原性则按相反的顺序变化：$I^- > Br^- > Cl^- > F^-$。

卤酸盐也是氧化剂，但它们的氧化性与溶液的 pH 值有关，在酸性介质中氧化性明显，在碱性介质中氧化性不明显。

三、仪器与试剂

1. 仪器

离心机，离心试管，试管，试管夹。

2. 试剂

KI(0.1 mol/L,s),H_2SO_4(2.0 mol/L,1∶1,浓),淀粉溶液,H_2O_2(3%),$Pb(Ac)_2$(0.1 mol/L),Na_2S(0.1 mol/L),$KMnO_4$(0.1 mol/L),MnO_2(s),NaCl(0.1 mol/L),$ZnSO_4$(0.1 mol/L),$CdSO_4$(0.1 mol/L),$Hg(NO_3)_2$(0.1 mol/L),H_2S 溶液(饱和),HCl(6.0 mol/L,2.0 mol/L),HNO_3(6.0 mol/L ,2.0 mol/L,浓),Na_2S(0.1 mol/L),$Na_2S_2O_3$(0.1 mol/L),$BaCl_2$(1.0 mol/L),S(粉末),$AgNO_3$(0.1 mol/L),KBr(0.1 mol/L),$(NH_4)_2S_2O_8$(0.2 mol/L),$MnSO_4$(0.002 mol/L),$K_2S_2O_8$(s),NaCl(s),KBr(s),氯水(饱和),NaOH(2.0 mol/L),品红溶液,$KClO_3$ 溶液(饱和),$KBrO_3$ 溶液(饱和),KBr(0.5 mol/L),KIO_3(0.1 mol/L),$NH_3 \cdot H_2O$(6.0 mol/L),CCl_4,$NaHSO_3$(0.1 mol/L),$Pb(Ac)_2$ 试纸,pH 试纸,碘化钾-淀粉试纸,碘水(0.1 mol/L)。

四、实验内容

1. 过氧化氢的性质

(1)过氧化氢的氧化性

①在试管中加入2滴0.1 mol/L KI溶液,1 cm^3 2.0 mol/L H_2SO_4 溶液及2~3滴淀粉溶液,然后逐滴加入 H_2O_2(3%)溶液,观察实验现象并作出解释。

②在离心试管中加入1滴0.1 mol/L $Pb(Ac)_2$ 溶液和1滴0.1 mol/L Na_2S 溶液,观察沉淀的生成和颜色。离心分离,洗涤沉淀后,在沉淀中加入数滴 H_2O_2(3%)溶液,观察沉淀颜色的变化并作出解释。

(2)过氧化氢的还原性

①在试管中加入1滴0.1 mol/L $KMnO_4$ 溶液,1 cm^3 2.0 mol/L H_2SO_4 溶液,然后加入数滴 H_2O_2(3%)溶液,观察实验现象并作出解释。

②在试管中加入1滴0.1 mol/L H_2O_2(3%)溶液和少量固体 MnO_2,观察反应情况,在试管口附近用火柴余烬检验逸出的气体。

2. 难溶硫化物的生成和溶解

在4支试管中分别加入下列溶液(0.1 mol/L)各5滴:NaCl、$ZnSO_4$、$CdSO_4$ 和 $Hg(NO_3)_2$,然后各加1 cm^3 H_2S 溶液(饱和),观察是否都有沉淀析出,记录各种沉淀的颜色;离心分离,弃去清液,在沉淀中加入数滴2.0 mol/L HCl溶液,看沉淀是否溶解;将不溶解的沉淀离心分离,弃去清液,在沉淀中加入数滴6.0 mol/L HCl溶液,看沉淀是否溶解;将仍不溶解的沉淀离心分离出来,用少量去离子水洗涤沉淀1~2次,加数滴浓 HNO_3 并微热,沉淀是否溶解;如不溶解,再加数滴浓 HCl,使 HCl 与 HNO_3 的体积比约为3∶1,并微热使沉淀全部溶解。

根据实验结果,比较上述金属硫化物的溶解性,并记住它们的颜色。

3. 多硫化物的生成和性质

在试管中加0.1 mol/L Na_2S 溶液和少量硫粉,较长时间加热,观察溶液颜色的变化。吸取清液于另一支试管中,加6.0 mol/L HCl溶液,用湿润的 $Pb(Ac)_2$ 试纸检查逸出的气体。写出反应方程式。

4. 硫代硫酸及其盐的性质

①在试管中加入0.1 mol/L $Na_2S_2O_3$ 和2.0 mol/L HCl溶液数滴,摇荡片刻观察现象,用湿润的蓝色的石蕊试纸检验逸出的气体。

②取 5 滴碘水(0.01 mol/L),加 1 滴淀粉试液,逐滴加入 0.1 mol/L $Na_2S_2O_3$ 溶液,观察颜色变化。

③取 5 滴饱和氯水,滴加 0.1 mol/L $Na_2S_2O_3$ 溶液,用 1.0 mol/L $BaCl_2$ 溶液检查是否有 SO_4^{2-}。

④在试管中加 0.1 mol/L $AgNO_3$ 和 0.1 mol/L KBr 溶液各 2 滴,观察沉淀颜色,然后加 0.1 mol/L $Na_2S_2O_3$ 溶液使沉淀溶解。

记录以上实验现象,写出有关反应方程式。

⑤在点滴板上加 2 滴 0.1 mol/L $Na_2S_2O_3$ 溶液,再加 0.1 mol/L $AgNO_3$ 溶液至产生白色沉淀,利用沉淀物分解时颜色的变化,确认 $S_2O_3^{2-}$ 的存在。

5. 过硫酸盐的氧化性

①在试管中加 0.5 cm^3 0.1 mol/L KI 溶液和 5 滴 2.0 mol/L H_2SO_4 溶液,再加数滴 0.2 mol/L $(NH_4)_2S_2O_8$ 溶液和淀粉溶液,观察颜色变化。写出反应方程式。

②将 2.0 mol/L H_2SO_4 溶液和去离子水各 5 cm^3 与 2 ~ 3 滴 0.002 mol/L $MnSO_4$ 溶液均匀混合后分成两份。一份加少量 $K_2S_2O_8$ 固体;另一份加 1 滴 0.1 mol/L $AgNO_3$ 溶液和少量 $K_2S_2O_8$ 固体,同时在水浴上加热片刻,观察溶液颜色的变化有何不同。写出反应方程式。

6. 卤化氢的还原性

在 3 支干燥的试管中分别加入黄豆粒大小 NaCl、KBr 和 KI 固体,再分别加入 2 ~ 3 滴浓 H_2SO_4(应逐个进行实验),观察反应物的颜色和状态,并分别用湿润的 pH 试纸、碘化钾-淀粉试纸和 $Pb(Ac)_2$ 试纸,在 3 个管口检验逸出的气体。写出反应方程式。比较 HCl、HBr 和 HI 的还原性。

7. 次氯酸盐的氧化性

取 2 cm^3 氯水,逐滴加入 2 mol/L NaOH 溶液至弱碱性,将此溶液分 3 份于 3 支试管中。在第 1 支试管中加入数滴 2 mol/L HCl,用碘化钾-淀粉试纸检验放出的 Cl_2,写出反应方程式。在第 2 支试管中加入 0.5 cm^3 0.1 mol/L KI 溶液,再加入淀粉液数滴,观察有何现象,写出反应方程式。在第 3 支试管中加入数滴品红溶液,观察品红是否褪色。

根据上面实验说明 NaClO 具有什么性质?

8. 卤素(Ⅴ)含氧酸的氧化性

①在 10 滴 $KClO_3$ 溶液(饱和)中加 3 滴浓 HCl,证明有 Cl_2 产生。

②取 2 ~ 3 滴 0.1 mol/L KI 溶液,加 4 滴饱和 $KClO_3$ 溶液,再逐滴加入 1 : 1 的 H_2SO_4 溶液,不断摇荡,观察溶液先呈黄色(生成 I_3^-),又变为紫黑色(有 I_2 析出),最后为无色(生成 IO_3^-)。写出每一步的反应方程式。

③取 0.5 cm^3 $KBrO_3$ 溶液(饱和),酸化后加入数滴 0.5 mol/L KBr 溶液,摇荡,观察溶液颜色的变化,并用淀粉 KI 试纸检验逸出的气体。写出反应方程式。

④以 0.1 mol/L KBr 溶液代替 KBr 溶液重复上述实验内容。

⑤取 0.5 cm^3 0.1 mol/L KIO_3 溶液,酸化后加 1 cm^3 CCl_4,再加数滴 0.1 mol/L $NaHSO_3$ 溶液,摇荡,观察 CCl_4 层的颜色。写出反应方程式。

9. 卤素离子的鉴定

(1) Cl^-离子的鉴定

取0.5 cm^3 0.1 mol/L 的 NaCl 溶液于离心试管中，加入数滴2.0 mol/L HNO_3，再加入数滴0.1 mol/L $AgNO_3$ 溶液，观察沉淀的颜色，离心分离，弃去清液，在沉淀中加入数滴6.0 mol/L氨水，振荡后，观察沉淀溶解，然后再加入6.0 mol/L HNO_3 酸化，则沉淀又重新析出，证明有Cl^-存在。

(2) Br^-离子的鉴定

取0.5 cm^3 0.1 mol/L 的 KBr 溶液于试管中，加入数滴3.0 mol/L H_2SO_4 和5～6滴 CCl_4，然后逐滴加入新配制的氯水，边加边摇，若 CCl_4 层出现橙色表示有 Br^-存在。

(3) I^-离子的鉴定

取0.5 cm^3 0.1 mol/L 的 KI 溶液和数滴3.0 mol/L H_2SO_4 和5～6滴 CCl_4 于试管，然后逐滴加入氯水，边加边摇，若 CCl_4 层出现紫色，表示有 I^-存在。

五、思考题

1. 长期放置的 H_2S、Na_2S 和 Na_2SO_3 溶液会发生什么变化？为什么？
2. 在鉴定 $S_2O_3^{2-}$ 时，如果 $Na_2S_2O_3$ 比 $AgNO_3$ 多，将会出现什么情况？为什么？
3. 卤化氢的还原性有什么递变规律？实验中怎样验证？为什么它们只有还原性而无氧化性？
4. 鉴定 Cl^-时先加 HNO_3，为什么？鉴定 Br^-、I^-时先加 H_2SO_4，为什么？

（汤琪）

实验3.17　过渡元素（3 h）

一、实验目的

1. 了解铬化合物的性质。
2. 了解锰化合物的性质。
3. 了解铁化合物的性质。

二、实验原理

Cr(Ⅲ) 氢氧化物呈两性，+3价铬盐容易水解。在碱性溶液中，Cr(Ⅲ)易被强氧化剂如 Na_2O_2 或 H_2O_2 氧化为黄色的铬酸盐。

铬酸盐和重铬酸盐在水溶液中存在着下列平衡：

$$2CrO_4^{2-}+2H^+ \rightleftharpoons Cr_2O_7^{2-}+H_2O$$

上述平衡，在酸性介质中，向右移动，在碱性介质中，向左移动。

铬酸盐和重铬酸盐都是强氧化剂，易被还原为 Cr(Ⅲ)。在酸性溶液中，$Cr_2O_7^{2-}$ 与 H_2O_2 作用生成蓝色 CrO_5，这个反应常用来鉴定 $Cr_2O_7^{2-}$ 或 Cr^{3+}。

Mn(Ⅱ)的氢氧化物呈白色,但在空气中易被氧化逐渐变成棕色 MnO_2 的水合物[$MnO(OH)_2$]。+6 价氧化态的锰酸盐可由 MnO_2 和强碱在氧化剂如 $KClO_3$ 的作用下,加强热而制得。绿色的锰酸钾溶液在中性或微碱性时,MnO_4^{2-} 即发生歧化反应,生成紫色的高锰酸钾和棕黑色的 MnO_2 沉淀。K_2MnO_4 可被强氧化剂氧化成 $KMnO_4$。

K_2MnO_4 和 $KMnO_4$ 都是强氧化剂,它们的还原产物随介质的不同而不同。例如,MnO_4^- 在酸性介质中,被还原为 Mn^{2+};在中性介质中被还原为 MnO_2;而在强碱性介质中与少量还原剂作用时,则被还原为 MnO_4^{2-}。

在硝酸溶液中,Mn^{2+} 可以被 $NaBiO_3$ 氧化为紫红色的 MnO_4^-,通常利用这个反应来鉴定 Mn^{2+}。

铁的+2 价氧化态氢氧化物呈碱性,$Fe(OH)_2$ 呈白色,在空气中 $Fe(OH)_2$ 很快被氧化成红棕色的 $Fe(OH)_3$

Fe(Ⅱ)和 Fe(Ⅲ)的盐在溶液中易起水解作用。Fe^{2+}离子是还原剂,而 Fe^{3+}离子是弱氧化剂。

铁能生成很多配合物,其中常见的有 $K_4[Fe(CN)_6]$和 $K_3[Fe(CN)_6]$,它们分别与 Fe^{3+}和 Fe^{2+}形成蓝色沉淀。

三、仪器与试剂

1. 仪器

离心机,离心试管,试管,试管夹,酒精灯。

2. 试剂

NaOH(6.0 mol/L,2.0 mol/L,40%),$CrCl_3$(0.1 mol/L),H_2O_2 溶液(3%),K_2CrO_4(0.1 mol/L),$K_2Cr_2O_7$(0.1 mol/L),H_2SO_4(2.0 mol/L),HCl(浓),$Pb(NO_3)_2$(0.1 mol/L),戊醇(或乙醚),HNO_3(6.0 mol/L),$MnSO_4$(0.1 mol/L,0.5 mol/L),$KMnO_4$(0.01 mol/L),MnO_2(s),Na_2SO_3(0.1 mol/L),$NaBiO_3$(s),$FeSO_4 \cdot 7H_2O$(0.1 mol/L,s),$FeCl_3$(0.1 mol/L),KI(0.1 mol/L),$K_4[Fe(CN)_6]$(0.1 mol/L),$K_3[Fe(CN)_6]$(0.1 mol/L),碘化钾-淀粉试纸。

四、实验内容

1. 铬的化合物

(1)氢氧化铬的制备和性质

在盛有 0.1 mol/L $CrCl_3$ 溶液的试管中,滴入 2.0 mol/L NaOH 溶液,至产生氢氧化铬沉淀为止,观察沉淀的颜色。用实验证明 $Cr(OH)_3$ 呈两性,并写出反应方程式。

(2)Cr(Ⅲ)的氧化

在少量 0.1 mol/L $CrCl_3$ 溶液中,加入过量的 NaOH 溶液,再加入 H_2O_2 溶液(3%),加热,观察溶液颜色的变化。解释现象,并写出反应方程式。

(3)CrO_4^{2-} 与 $Cr_2O_7^{2-}$ 的相互转化

①在 0.1 mol/L K_2CrO_4 溶液中逐滴加入 2.0 mol/L H_2SO_4 溶液,然后再逐滴加入 2.0 mol/L NaOH 溶液,观察溶液颜色的变化。

②在 2 支试管中分别加入几滴 0.1 mol/L K_2CrO_4 溶液和 0.1 mol/L $K_2Cr_2O_7$ 溶液,然后

分别滴入 0.1 mol/L $Pb(NO_3)_2$ 溶液，比较两试管中生成沉淀的颜色。解释现象，并写出反应方程式。

(4) Cr(Ⅵ)的氧化性

①在5滴0.1 mol/L $K_2Cr_2O_7$ 溶液中，加入3滴2.0 mol/L H_2SO_4 溶液，然后滴入0.1 mol/L Na_2SO_3 溶液，观察溶液颜色变化。写出反应方程式。

②在5滴0.1 mol/L $K_2Cr_2O_7$ 溶液中，加入15滴浓 HCl，加热，用湿润的碘化钾-淀粉试纸检验逸出的气体，观察试纸和溶液颜色的变化。解释现象，并写出反应方程式。

(5) Cr^{3+} 的鉴定

取5滴含有 Cr^{3+} 的溶液，加入过量的6.0 mol/L NaOH 溶液，使溶液呈亮绿色。然后滴加 H_2O_2 溶液(3%)，微热至溶液呈黄色，待试管冷却后，再补加几滴 H_2O_2 溶液(3%)和0.5 cm^3 戊醇(或乙醚)，慢慢滴入6.0 mol/L HNO_3 溶液，摇荡试管，戊醇层中出现深蓝色，表示有 Cr^{3+} 存在。写出各步反应方程式。

2. 锰的化合物

(1) $Mn(OH)_2$ 的生成和性质

在3支试管中加入0.5 cm^3 0.1 mol/L $MnSO_4$ 溶液，再分别加2.0 mol/L NaOH 溶液至有白色沉淀生成；在两支试管中迅速检查 $Mn(OH)_2$ 的酸碱性；另一支试管在空气中振荡，观察沉淀颜色的变化。解释现象，并写出反应方程式。

(2) MnO_2 的生成和性质

①将0.01 mol/L $KMnO_4$ 溶液和0.5 mol/L $MnSO_4$ 溶液混合后，是否有 MnO_2 沉淀生成?

②用 MnO_2 和浓 HCl 制备 Cl_2，并检验之。

③MnO_4^{2-} 的生成和性质。

在2 cm^3 0.01 mol/L $KMnO_4$ 溶液中加入1 cm^3 NaOH 溶液(40%)，再加少量 $MnO_2(s)$，加热，搅动，沉降片刻，观察上清液的颜色。取清液于另一试管中，用 H_2SO_4 酸化有何现象，为什么?

④溶液的酸碱性对 MnO_4^- 还原产物的影响。在3支试管中分别加入5滴0.01 mol/L $KMnO_4$ 溶液，再分别加入5滴2.0 mol/L H_2SO_4 溶液、6.0 mol/L NaOH 溶液、H_2O，然后各加入几滴0.1 mol/L Na_2SO_3 溶液。观察各试管中发生的变化，写出有关反应方程式。

⑤Mn^{2+} 的鉴定。取2滴0.1 mol/L $MnSO_4$ 溶液和数滴6.0 mol/L HNO_3 溶液，加入少量的 $NaBiO_3(s)$，摇荡试管，静置沉降，上层清液呈紫红色，表示有 Mn^{2+} 存在。

3. 铁的化合物

(1)铁的氢氧化物的生成和性质

①$Fe(OH)_2$ 的生成和性质：在试管中加入2 cm^3 蒸馏水，加1~2滴2.0 mol/L H_2SO_4 酸化，煮沸片刻(为什么)，然后在其中溶解几粒 $FeSO_4 \cdot 7H_2O$ 晶体。同时在另一支试管中煮沸1 cm^3 2.0 mol/L NaOH 溶液，迅速加到 $FeSO_4$ 溶液的试管中去(不要摇匀)，观察现象。然后摇匀，静置片刻，观察沉淀颜色的变化。解释现象，并写出反应方程式。

在使产物静置前，取出一部分，检验 $Fe(OH)_2$ 的酸碱性。

②$Fe(OH)_3$ 的生成：取几滴0.1 mol/L $FeCl_3$ 溶液，滴加2.0 mol/L NaOH 溶液，观察沉淀的颜色和状态，检查它的酸碱性。

(2)铁盐的性质

①Fe(Ⅱ)、Fe(Ⅲ)的水解性:在2支试管中分别加入1 cm^3 0.1 mol/L $FeSO_4$ 溶液和1 cm^3 0.1 mol/L $FeCl_3$ 溶液,再各加入1 cm^3 去离子水,加热煮沸有何现象?写出反应方程式。

②Fe(Ⅱ)的还原性和Fe(Ⅲ)的氧化性:将2 cm^3 0.1 mol/L $FeSO_4$ 溶液用2.0 mol/L H_2SO_4 酸化,然后加到少量0.01 mol/L $KMnO_4$ 溶液中去。观察现象,并解释,写出反应方程式。

在0.1 mol/L $FeCl_3$ 溶液中,滴加0.1 mol/L KI溶液,观察现象。然后滴入1滴淀粉溶液。观察现象,并解释,写出反应方程式。

③铁的配合物:

a. Fe(Ⅱ)的配合物:在0.1 mol/L $K_4[Fe(CN)_6]$溶液中,滴加2.0 mol/L NaOH溶液数滴,是否有$Fe(OH)_2$沉淀产生?试解释。

在0.1 mol/L $FeCl_3$ 溶液中,滴入1~2滴$K_4[Fe(CN)_6]$溶液,观察现象,写出反应方程式(用这个反应可用来鉴定Fe^{3+})。

b. Fe(Ⅲ)的配合物:在0.1 mol/L $K_3[Fe(CN)_6]$溶液中,滴加2.0 mol/L NaOH溶液数滴,是否有$Fe(OH)_3$沉淀产生?试解释。

在0.1 mol/L $FeSO_4$ 溶液中,滴入1~2滴$K_3[Fe(CN)_6]$溶液,观察现象,写出反应方程式(用这个反应可用来鉴定Fe^{2+})。

五、思考题

1. 如何鉴定Cr^{3+}或Mn^{2+}的存在?
2. 如何实现Cr(Ⅲ)与Cr(Ⅵ)之间的相互转化?
3. 装$KMnO_4$溶液的瓶长期放置后,瓶壁上的附着物是什么?如何洗净它?
4. 制取$Fe(OH)_2$时为什么要先将有关溶液煮沸?
5. 试解释:Fe^{3+}能将I^-氧化为I_2,而$[Fe(CN)_6]^{3-}$则不能;$[Fe(CN)_6]^{4-}$能把I_2还原为I^-,而Fe^{2+}则不能?

(汤琪)

实验3.18　邻菲罗啉分光光度法测定铁(3 h)

一、实验目的

1. 掌握邻菲罗啉分光光度法测定铁的原理和方法。
2. 熟悉分光光度计的结构原理和使用方法。

二、实验原理

分光光度法测定铁的理论依据是朗伯-比耳定律:当一束平行单色光通过单一均匀的、非散射的吸光物质溶液时,溶液的吸光度与溶液浓度和液层厚度的乘积成正比。如果固定比色皿厚度测定有色溶液的吸光度，则溶液的吸光度与浓度之间的简单的线性关系，可根据相对测量的原理，用标准曲线法进行定量分析。

微量铁的测定方法有邻菲罗啉法(邻二氮菲法)、硫代甘醇酸法、磺基水杨酸法、硫氰酸盐法等。我国目前大都采用邻菲罗啉法，此法准确度高，重现性好，配合物十分稳定，故应用甚为广泛。

在pH值为3～9的溶液中，邻菲罗啉与Fe^{2+}离子生成稳定的橙红色配合物：

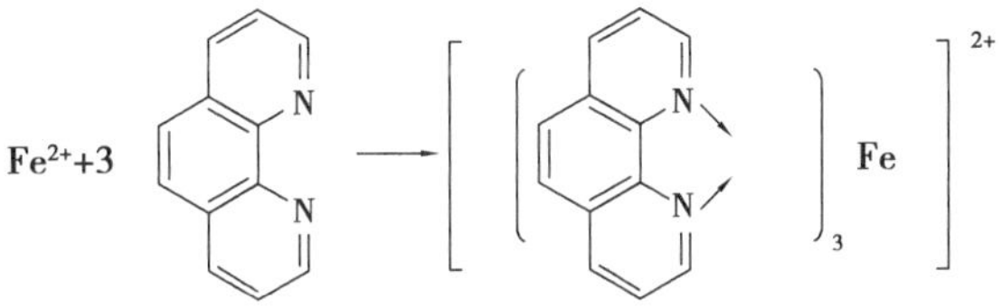

该配合物$\lg\beta_3=21.3$(20 ℃)，在510 nm附近有最大吸收，摩尔吸光系数$\varepsilon_{510}=1.1\times10^4$ $L^{-1}\cdot mol^{-1}\cdot cm^{-1}$。邻菲罗啉与$Fe^{3+}$离子也生成3∶1的淡蓝色配合物，$\lg\beta_3=14.1$。因此，在显色前需用盐酸羟胺将$Fe^{3+}$离子全部还原为$Fe^{2+}$离子：

$$2Fe^{3+}+2NH_2OH = 2Fe^{2+}+N_2\uparrow+2H_2O+2H^+$$

测定时，控制溶液酸度在pH值为3～9较适宜。酸度高时，反应速度慢；酸度太低，则Fe^{2+}离子部分水解，影响测定。通常在微酸性(pH≈5)溶液中显色。

本法选择性很高，相当于含铁量40倍的Sn^{2+}、Al^{3+}、Ca^{2+}、Mg^{2+}、Zn^{2+}、SiO_3^{2+}离子，20倍的Cr^{3+}、Mn^{2+}、V(Ⅴ)、PO_4^{3-}离子，5倍的Co^{2+}、Cu^{2+}离子等均不干扰测定。

三、仪器与试剂

1. 仪器

100 cm^3容量瓶，50 cm^3容量瓶，10 cm^3移液管，25 cm^3酸式滴定管，10 cm^3量筒，50 cm^3碱式滴定管，722S型分光光度计，pHS-3C型酸度计。

2. 试剂

铁标准溶液(100 μg/cm^3)，盐酸羟胺溶液(10%水溶液)，邻菲罗啉溶液(0.1%水溶液)，醋酸钠溶液(1 mol/L)，盐酸溶液(2.0 mol/L)，氢氧化钠溶液(0.20 mol/L)。

四、实验内容

1. 吸收曲线的绘制

(1)10 μg/cm^3铁标准溶液的配制

准确吸取100 μg/cm^3铁标准溶液10.00 cm^3于100 cm^3容量瓶中，加入10 cm^3盐酸羟胺溶液，混匀。放置2 min，再加入25 cm^3 1 mol/L醋酸钠溶液，用水稀释至刻度，摇匀备用。

(2)吸收曲线的绘制

移取步骤(1)中溶液10.00 cm^3于50 cm^3容量瓶中，加入邻菲罗啉3.0 cm^3，用水稀释至刻线，摇匀。显色稳定后，用1 cm比色皿，以水为参比，在波长440～560 nm，每隔10 nm测定一次吸光度，其中在500～520 nm，每隔2～5 nm测定一次吸光度。然后在坐标纸上以波长为横坐标，吸光度为纵坐标绘制出吸收曲线，从吸收线上确定测量的适宜波长。后面的测试工作应在选定的波长下进行。

2. 铁含量的测定

(1)标准曲线的绘制

移取100 μg/cm的铁标准溶液10.00 cm^3 于50 cm^3 容量瓶中,加入10 cm^3 盐酸羟胺,混匀。2 min后以水稀释至刻线,摇匀。此溶液含铁20.0 μg/L。

另取50 cm^3 容量瓶5只(编号),依次加入上述溶液1.00、2.00、3.00、4.00及5.00 cm^3,各加入3.0 cm^3 邻菲罗啉和5 cm^3 醋酸钠溶液,加水稀释至刻线,摇匀。用1 cm比色皿,用水作参比,在选定的波长下测定各溶液的吸光度。以铁的浓度为横坐标,吸光度为纵坐标,绘制标准曲线。

(2)未知水样中铁的测定

移取5.00 cm^3 未知水样于100 cm^3 容量瓶中,加10滴盐酸溶液,加水稀至刻线,摇匀。再移取稀释后的水样10.00 cm^3 于50 cm^3 容量瓶中,加5滴盐酸溶液,加1 cm^3 盐酸羟胺溶液,混匀。2 min后,加3.0 cm^3 邻菲罗琳溶液、5 cm^3 醋酸钠溶液,加水稀至刻线,摇匀。用1 cm比色皿,以水作参比,与标准曲线相同的波长下测吸光度,并从标准曲线上查得铁的浓度 c_x。计算未知水样中铁的含量(μg/cm^3)。

五、思考题

1. 如果用硫酸亚铁按配制铁标准溶液,显色前要不要加盐酸羟胺?为什么?
2. 你用什么方法证明实验用蒸馏水作参比是合适的?是否所有的比色分析都能以蒸馏水为参比?为什么?
3. 在本实验的各项测定中,哪些试剂的加入量必须准确?哪些试剂则可不必?为什么?
4. 分光光度分析对称量、标准溶液的加入体积等的有效数字要求如何?为什么?吸光度读数最多有几位有效数字?

六、补充知识

铁标准溶液(100 μg/cm)的配制:称取0.863 4 g $NH_4Fe(SO_4)_2 \cdot 12H_2O$ 或0.702 2 g $NH_4Fe(SO_4)_2 \cdot 6H_2O$ 于洁净的烧杯中,加入100 cm^3 2.0 mol/L的盐酸,溶解后定量转移至1 L容量瓶中,加水到刻线,摇匀。

(饶晓蓓)

实验3.19　分解电压的测定(3 h)

一、实验目的

1. 了解极化和分解电压的概念。
2. 掌握测量分解电压的实验方法。

二、实验原理

当有电流通过时,电极离开平衡状态,此现象即为电极的极化。某电流密度下的电极电位与其平衡电极电位之差的绝对值称为过电位或超电压，以 η 表示。根据极化规律，阴极极化的结果，使电极电位变得更负；阳极极化的结果使电极电位变得更正。描述电流密度与电极电位关系的曲线称为极化曲线。电解池的极化曲线如图 3-12 所示。

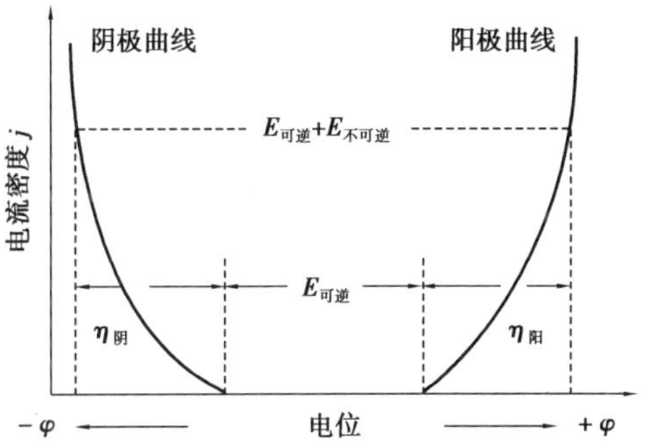

图 3-12　电解池的极化曲线

外加电压达到理论分解电压时，电解过程并不能正常进行。使电解质溶液继续不断发生电解时所必需的最小外加电压称为该电解质溶液的分解电压，分解电压 $E_{分解}$包括 4 个部分：

$$E_{分解}=E_{可逆}+\eta_{阴}+\eta_{阳}+\Delta E_{电阻} \tag{3-29}$$

式中　$E_{可逆}$——理论分解电压，即可逆电池的电动势；

$\eta_{阳}$——阳极过电位；

$\eta_{阴}$——阴极过电位；

$\Delta E_{电阻}$——电阻过电位，即电解质溶液的电阻引起的电位降。

分解电压可按图 3-13 的装置测量。

利用可变电阻，使外加电压从零开始，逐渐增加并记下相应电流的数值，以电压为横轴，电流为纵轴作图，即可得到如图 3-14 所示的电流-电压曲线。

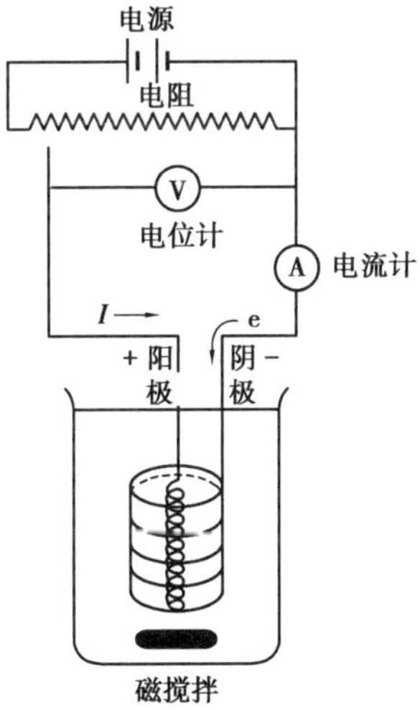

图 3-13　测量分解电压装置

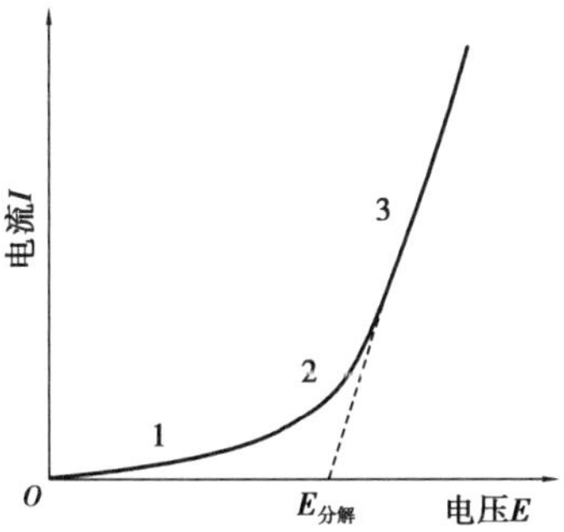

图 3-14　电流-电压曲线

三、仪器与试剂

1. 仪器

直流电源，可变电阻 1 个，安培计 1 个，伏特计 1 个，铂电极 2 支，电磁搅拌器 1 台，搅拌磁子 1 个。

2. 试剂

0.5 mol/L H_2SO_4。

四、实验内容

①按图 3-13 装好仪器。

②将 0.5 mol/L H_2SO_4倒入电解池，装满 1/3。

③缓慢开动电磁搅拌器。

④逐渐增加外电压到 1 V，然后每次按 0.1 V 增加，并记下相应的电流。当电极上明显出现气泡后，再测 3 个点，即可停止实验。

五、实验数据记录与处理

1. 按表 3-15 记录

室温__________ ℃

表 3-15　试验的电流和电压

I/A	E/V	I/A	E/V

2. 作出电流-电压曲线，找出分解电压

六、思考题

1. 在电压很低未达到分解电压时为何通过电解池的电流不会为零？
2. 电解 H_2SO_4 和 NaOH 不同电解质水溶液时，分解电压是否相同，为什么？

（袁小亚）

实验 3.20　水溶性表面活性剂临界胶束浓度（CMC）的测定（3 h）

一、实验目的

1. 用电导法测定十二烷基硫酸钠的临界胶束浓度。
2. 了解表面活性剂的特性及胶束形成原理。

3. 掌握 DDS-307 型电导仪的使用方法。

二、实验原理

具有明显“两亲”性质的分子，既含有亲油的足够长的（大于 10 个碳原子）烃基，又含有亲水的极性是基团（通常是离子化的）。由这一类分子组成的物质称为表面活性剂，如肥皂和各种合成洗涤剂等。表面活性剂分子都是由极性部分和非极性部分组成的。若按离子的类型分类，可分为 3 大类：

①阴离子型表面活性剂：如羧酸盐（$C_{17}H_{35}COONa$）、烷基硫酸盐［如，十二烷基硫酸钠（$CH_3(CH_2)_{11}SO_4Na$）］、烷基磺酸盐［十二烷基苯磺酸钠（$CH_3(CH_2)_{11}C_6H_5SO_3Na$）］等。

②阳离子型表面活性剂：主要是铵盐，如十二烷基二甲基叔胺（$RN(CH_3)_2HCl$）和十二烷基三甲基氯化铵（$RN(CH_3)_3Cl$）。

③非离子型表面活性剂：如聚氧乙烯类（$R\text{-}O\text{-}(CH_2CH_2O)_nH$）。

表面活性剂进入水中，在低浓度时呈分子状，并且三三两两地把亲油基团靠拢而分散在水中。当溶液浓度加大到一定程度时，许多表面活性物质的分子立刻结合成很大的集团，形成“胶束”，用胶束形式存在于水中的表面活性物质是比较稳定的。表面活性物质在水中形成肢束所需的最低浓度称为临界胶束浓度，以 CMC 表示。在 CMC 点上，由于溶液的结构改变导致其物理及化学性质如表面张力、电导、渗透压、浊度、光学性质等同浓度的关系曲线出现明显的转折，如图 3-15 所示。这个现象是测定 CMC 的实验依据，也是表面活性剂的一个重要特征。这种特征行为可用生成分子聚集体或胶束来说明，如图 3-16 所示，当表面活性剂溶于水中后，不但定向地吸附在水溶液表面，而且达到一定浓度时还会在溶液中发生定向排列而形成胶束。表面活性剂为了使自己成为溶液中的稳定分子，有可能采取的两种途径：一是把亲水基留在水中，亲油基伸向油相或空气；二是让表面活性剂的亲油基团相互靠在一起，以减小油基与水的接触面积。前者就是表面活性剂分子吸附在界面上，其结果是降低界面张力，形成定向排列的单分子膜，后者就形成了胶束。由于胶束的亲水基方向朝外，与水分子相互吸引，使表面活性剂能稳定地溶于水中。

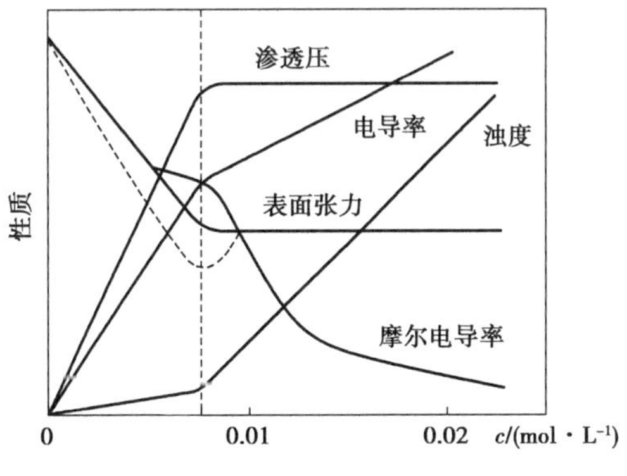

图 3-15　25 ℃时十二烷基硫酸钠水溶液的物理性质和浓度的关系图

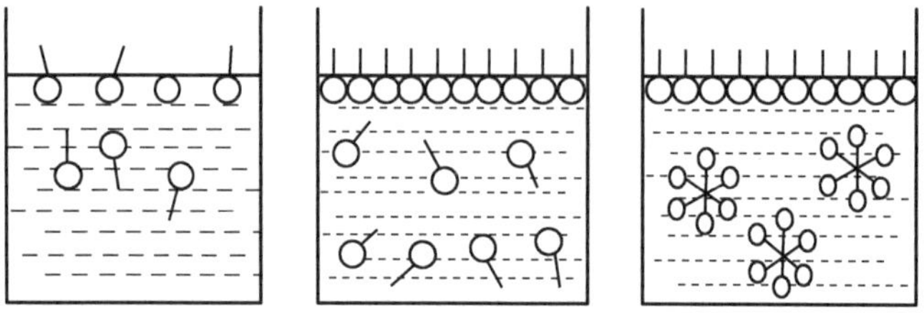

(a)浓度<CMC　(b)浓度=CMC　(c)浓度>CMC

图 3-16　胶束形成过程示意图

随着表面活性剂在溶液中浓度的增长，球形胶束还可能转变成棒形胶束，以至层状胶束，如图 3-16 所示。后者可用来制作液晶，它具有各向异性的性质。

本实验利用 DDS-307 型电导仪测定不同浓度的十二烷基硫酸钠水溶液的电导值（也可换算成摩尔电导率），并作电导值（或摩尔电导率）与浓度的关系图，从图 3-17 中的转折点即可求得临界胶束浓度。

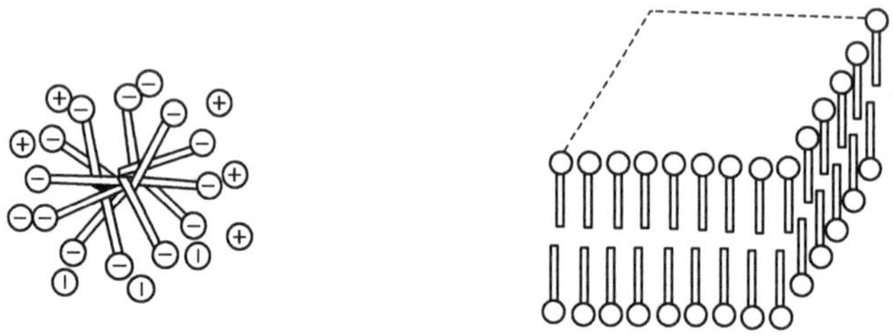

(a)球状结构　(b)层状结构

图 3-17　胶束球形结构、层状结构示意图

三、仪器与试剂

1. 仪器

DDS-307 型电导仪 1 台、锥形瓶（10 mL）12 个、电导电极。

2. 试剂

十二烷基硫酸钠水溶液（分析纯，准确配制的 0.020 mol/L）、电导水或蒸馏水。

四、实验内容

①量取不同体积的 0.020 mol/L 的十二烷基硫酸钠水溶液，用电导水或重蒸馏水准确配 0.002 0、0.004 0、0.006 0、0.007 0、0.008 0、0.009 0、0.010 0、0.012 0、0.014 0、0.016 0、0.018 0、0.020 0 mol/L 的十二烷基硫酸钠水溶液各 20 mL。

②按仪器说明方法和当时的温度，调节好 DDS-307 型电导仪。

③用 DDS-307 型电导仪从稀到浓分别测定上述各溶液的电导值。用后一个溶液荡洗前一个溶液的电导池 3 次以上，每个溶液的电导读数 3 次，取平均值。

④列表记录各溶液对应的电导，并换算成电导率或摩尔电导率。

五、实验数据记录与处理

做出电导值或摩尔电导率与浓度的关系图，从图中转折点处找出临界胶束浓度。

文献值：40 ℃，$CH_3(CH_2)_{11}SO_4Na$ 的 CMC 为 8.7×10^{-3} mol/L。

六、思考题

1. 若要知道所测得的临界胶束浓度是否准确，可用什么实验方法验证？

2. 非离子型表面活性剂能否用本实验方法测定临界胶束浓度？为什么？若不能，则可以用何种方法测定？

（袁小亚）

实验3.21 配合物组成及稳定常数的测定(3 h)

一、实验目的

1. 学习测定配合物组成和稳定常数的方法。

2. 熟练掌握分光光度计和酸度计的操作使用。

二、实验原理

溶液重金属离子 M 和配位体 L 形成配合物，其反应式为：

$$M+nL \rightleftharpoons ML_n$$

当达平衡时，其配合物稳定常数 K 和配合平衡时的离子浓度关系为：

$$K=[ML_n]/[M][L_n]^n \tag{3-30}$$

式中 n——配位数。

形成配合物时，往往颜色有明显改变，如果金属离子和配位体近似于无色而配合物颜色显著，则使用分光光度法测定配合物组成和稳定常数是很方便的。根据朗伯-比耳定律

$$D=K'cl \tag{3-31}$$

式中 D——吸光度；

K'——吸光系数，当溶质溶剂和入射光波长固定时，K'不变；

l——溶液厚度；

c——溶液浓度。

使用固定的比色皿测定配合物溶液，则吸光度 D 只和配合物浓度 c 成正比。

溶液配制可采用等摩尔连续递变法或固定金属离子浓度法，本实验采用前者，即在一系列溶液中金属离子浓度$[M]$和配位体浓度$[L]$之和不变，但相对量$[L]/[M]$在连续变化，$[L]/([L]+[M])$由 0 到 1。选用最大吸收波长 λ_{max} 为入射光，测定一系列溶液，作 $D-[L]/([L]+[M])$曲线，由最高点对应的$[L]$和$[M]$的比例可确定配位数 n，如图 3-18 所示。

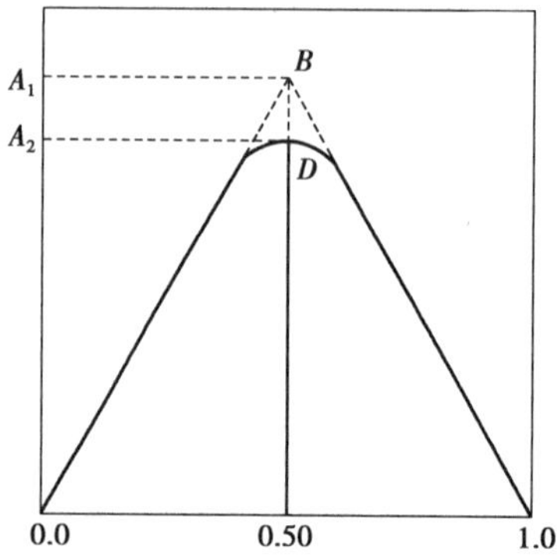

图 3-18　吸光度-溶液组成图

若配合物很稳定，曲线有明显极大点 B（对应吸光度为 D_0）；若配合物比较不稳定，部分解离，其极值点可能降至 D（对应吸光度为 D_1）。此时解离度 α 为：

$$\alpha=\frac{D_0-D_1}{D_0} \tag{3-32}$$

设初始金属离子浓度为 A，配位数 $n=1$，则可得：

$$K=\frac{1-\alpha}{A\alpha^2}=\frac{D_0 D_1}{A(D_0-D_1)^2} \tag{3-33}$$

对于不稳定的配合物，测得吸光度-组成曲线，沿曲线两侧作切线，其相交点即 B，则稳定常数可求。

三、仪器与试剂

1. 仪器

722 型分光光度计 1 台，酸度计 1 台，分析天平（0.000 1 g）1 台，容量瓶（250 mL：2 个，50 mL：11 个）；烧杯（100 mL，250 mL，800 mL）各 1 个；移液管（10 mL，5 mL）各 1 支。

2. 试剂

磺基水杨酸（分析纯），硫酸高铁铵（分析纯），H_2SO_4（分析纯），纯水。

四、实验内容

①配制 pH 值为 2.1 的 H_2SO_4 溶液。

②以 pH 值为 2.1 的 H_2SO_4 作为溶剂，分别配制 0.005 0 mol/L 的硫酸高铁铵溶液和磺基水杨酸溶液各 250 mL。

③按表 3-16 配制溶液。然后加入 pH 值为 2.1 的 H_2SO_4 溶液稀释至 50 mL。

④选取 6 号溶液测定不同波长下的吸光度值，做 D-λ 曲线。曲线上找出最大吸收波长 λ_{max}。

⑤在 λ_{max} 下测各样品的吸光度。

表 3-16　配制的硫酸高铁铵和磺基水杨酸溶液的体积

溶液编号	1	2	3	4	5	6	7	8	9	10	11
硫酸高铁铵 V/mL	0	1.00	2.00	3.00	4.00	5.00	6.00	7.00	8.00	9.00	10.00
磺基水杨酸 V/mL	10.00	9.00	8.00	7.00	6.00	5.00	4.00	3.00	2.00	1.00	0

五、实验数据记录与处理

①作 D-λ 曲线，确定 λ_{max}。

②作吸光度 D-[L]/([L]+[M])图，确定配合物组成 n 和计算稳定常数 K。

③利用 $\Delta G=-RT\ln K$，计算该配合物反应的标准吉布斯自由能的变化。

六、思考题

1. 为什么要控制溶液的 pH 值？
2. 如果在 λ_{max} 下，金属离子和配位体系吸光度不为 0，如何做数据校正处理？

（袁小亚）

第 4 章 综合实验及设计性实验

实验 4.1　用蛋壳制备柠檬酸钙(4 h)

一、实验目的

1. 学会用蛋壳制备柠檬酸钙的方法。
2. 了解钙与人体健康的关系。
3. 树立变废为宝,资源综合利用的意识。

二、实验原理

钙是人体内的常量元素之一,也是人体内较易缺乏的无机元素之一。一般人体内钙约占体重的2%,它对人类的健康、少年儿童身体发育和各种生理活动,均具有极其重要的作用。柠檬酸钙因较其他补钙品在溶解度、酸碱性等技术指标方面,更具安全性和可靠性,作为新一代钙源,正成为食品类补钙品的首选对象,在糕点、饼干中用作营养强化剂。

蛋壳中含 $CaCO_3$ 93%、$MgCO_3$ 1.0%、$Mg_3(PO_4)_2$ 2.8%,有机物 3.2%,是一种天然的优质钙源。以鸡蛋壳为原料,采用酸碱中和法制备柠檬酸钙,具有产品收率高,质量好,不含有毒组分(重金属离子等),反应工艺简单等优点。

主要反应式有:

$$CaCO_3(\text{蛋壳}) \xrightarrow{\text{高温煅烧}} CaO + CO_2\uparrow$$

$$CaO + H_2O \longrightarrow Ca(OH)_2$$

$$2C_6H_8O_7 + 3Ca(OH)_2 \longrightarrow Ca_3(C_6H_5O_7)_2(\text{柠檬酸钙}) + 6H_2O$$

三、仪器与试剂

1. 仪器

马弗炉,电子天平,电热恒温干燥箱,磁力加热搅拌器,30 cm^3 蒸发皿,100 cm^3 烧杯等。

2. 试剂

柠檬酸溶液(50%),盐酸标准溶液(0.500 0 mol/L),蔗糖(分析纯),酚酞指示剂。

四、实验内容

1. 氧化钙的制取

称取洗净的干燥蛋壳 10 g 于蒸发皿中,稍加压碎后,送入马弗炉中,于 900～1 000 ℃,煅烧分解 1～2 h,蛋壳即转变为白色的蛋壳粉(氧化钙),称重。

2. 柠檬酸钙的制备

将前面制得的氧化钙研细,称取 2 g 于 100 cm^3 烧杯中,加入 50 cm^3 蒸馏水制成石灰乳,放到磁力加热搅拌器上,在不断搅拌下,分批加入 50% 的柠檬酸溶液 10 cm^3,温度稳定在 60 ℃,反应约 45 min。将产物减压过滤,用少量蒸馏水洗滤饼,在干燥箱中烘干,称重,观察产品颜色。

3. 蛋壳粉有效氧化钙含量的测定

准确称取 0.400 0 g 研成细粉的试样,置于 250 cm^3 带塞三角瓶中,加入 4 g 蔗糖,再加入新煮沸并已冷却的蒸馏水 40 cm^3,放到磁力搅拌器上搅拌 15 min 左右,以酚酞为指示剂,用浓度为 0.500 0 mol/L 的盐酸标准溶液滴定至终点,按式(4-1)计算有效氧化钙的百分含量:

$$\text{有效 CaO 含量}=\frac{0.028\ 04\cdot c(\mathrm{HCl})\cdot V}{W}\times 100\% \tag{4-1}$$

式中　$c(\mathrm{HCl})$ —— 盐酸标准溶液的浓度,mol/L;

V—— 滴定消耗盐酸标准溶液的体积,cm^3;

W——试样质量,g;

0.028 04—— 与 1 cm^3 的 1 mol/L 盐酸相当的氧化钙量。

五、实验数据记录与处理

①氧化钙的质量=________g。

②柠檬酸钙的质量=________g,产率=________%。

③盐酸标准溶液的浓度 $c(\mathrm{HCl})$=________mol/L;

氧化钙试样质量 W=________g;

滴定消耗盐酸标准溶液的体积 V=________cm^3;

蛋壳粉有效 CaO 含量=________%。

六、思考题

1. 查阅相关资料,进一步了解钙与人体健康的关系。

2. 通过实验,你认为用此方法制取柠檬酸钙在工业上是否可行?

(饶晓蓓)

实验4.2　水泥熟料中 Fe_2O_3 和 Al_2O_3 的连续测定(4 h)

一、实验目的

1. 了解水泥样品的溶样方法。

2. 进一步掌握配位滴定的原理,尤其是通过控制溶液酸度、温度和选择适当的指示剂的方法。

3. 掌握配位滴定的直接滴定、返滴定法及其各自的分析结果的计算方法。

4. 掌握水浴加热、沉淀、过滤、洗涤等操作技术。

二、实验原理

水泥熟料是生料混合物经过 1 400 ℃以上煅烧而成,其主要成分为 SiO_2、CaO、Fe_2O_3、Al_2O_3 4 种氧化物,其含量分别为 18% ~24%、60% ~67%、2.0% ~5.5%、4.0% ~9.5%,总含量占水泥熟料的 95%以上。一般硅酸盐水泥、碱性炉渣水泥等可采用酸分解法,其他种类的水泥则需用碱熔融法分解。通过熟料分析,可以检验熟料质量和烧成情况的好坏,根据分析结果,可及时调整原料配比以控制生产。

普通硅酸盐水泥用盐酸分解时生成硅酸和可溶性氯化物。硅酸是一种很弱的无机酸,在水溶液中绝大部分以溶胶状态存在,其化学式以 $SiO_2 \cdot nH_2O$ 表示,有很强的吸附作用,可能会使 Fe、Al 等组分的测量值偏低。所以,采用氯化铵凝聚法处理样品时,要先加入足够量的固体 NH_4Cl 与试样充分混匀,再加入少量浓盐酸加热分解试样,这样,反应是在含有大量的电解质的小体积溶液中进行,绝大部分硅酸水溶胶可以迅速脱水成水凝胶析出,则吸附量会较少,沉淀比较纯净和完全。试样中若含有 FeO,可加数滴浓硝酸,使 Fe^{2+} 氧化成 Fe^{3+}。

试样分解完全后,加适量的水溶解可溶性盐类,过滤,则水泥熟料中的铁和铝等组分以 Fe^{3+}、Al^{3+} 等组分离子形式存在于滤液中,它们均可以与 EDTA 形成稳定的络离子且稳定性有显著的不同。其中,$\lg K(FeY)=25.1$,$\lg K(MgY)=16.1$。由于 $\lg K(FeY)-\lg K(MgY)=25.1-16.1=9.0>5$,所以,测定熟料中的 Fe^{3+}、Al^{3+} 时,可通过控制溶液酸度,先后测定 Fe^{3+}、Al^{3+},共存的 Ca^{2+}、Mg^{2+} 也不会干扰测定。

Fe^{3+} 与 EDTA 络合完全的最低 pH 值为 0.8,但此 pH 时无适合的指示剂,因此可控制溶液 pH 值为 2.0 ~2.5,以磺基水杨酸(ssal)为指示剂(本身为无色)用 EDTA 标准溶液滴定,溶液由紫红色变为淡黄色(Fe-EDTA 的颜色)或无色(如 Fe^{3+} 含量较低时)即为终点。滴定时若溶液的 pH>2.5,则 Al^{3+} 也能与 EDTA 络合,使滴定铁的结果偏高,同时 Fe^{3+} 也可能水解形成红棕色 $Fe(OH)_3$ 沉淀;若溶液的 pH 值<1.5,则 Fe^{3+} 络合不完全,使结果偏低。滴定时的温度必须在 60 ~70 ℃,终点才比较明显。若温度太低,滴定速度又较快,则由于终点前,EDTA 与 Fessal 的置换反应速度缓慢,容易使滴定过量;而温度太高,超过 75 ℃时,又可能导致终点不稳定且 Al^{3+} 也有可能与 EDTA 反应,从而使得 Fe_2O_3 的测定结果偏高而 Al_2O_3 的结果偏低。

滴定 Al^{3+} 时应控制溶液的酸度范围为 pH 值为 4 ~5,由于 Al^{3+} 与 EDTA 的反应进行较慢,所以,一般采用返滴定法,即先加入过量的 EDTA 标准溶液,并加热煮沸,使 Al^{3+} 与 EDTA 充分反应，然后以 PAN 为指示剂，用 $CuSO_4$ 标准溶液滴定过量的 EDTA，从而计算出铝的含量。Al-EDTA 配合物是无色的，PAN 指示剂在测定条件（$pH\approx4.3$）下为黄色，所以滴定开始前溶液为黄色，滴入的 Cu^{2+} 先与过量的 EDTA 形成淡蓝色的 Cu-EDTA 配合物，随着 $CuSO_4$ 标准溶液的不断滴入，溶液的颜色将逐渐由黄变绿。当过量的 EDTA 与 Cu^{2+} 反应完全后，稍微过量的 Cu^{2+} 即与 PAN 形成深红色的配合物，由于黄色的 Cu-EDTA 的存在，所以终点颜色应呈紫红色。

滴定过程的主要反应如下：

$$Al^{3+}+H_2Y^{2-}\rightleftharpoons \underset{\text{无色}}{AlY^-}+2H^+$$

$$H_2Y^{2-}+Cu^{2+}\rightleftharpoons \underset{\text{蓝色}}{CuY^{2-}}+2H^+$$

$$Cu^{2+}+\underset{\text{黄色}}{PAN}\longrightarrow \underset{\text{深红色}}{Cu\text{-}PAN}$$

三、仪器与试剂

①氯化铵：固体（A. R.）。

②盐酸：$\rho=1.1\ g/cm^3$（A. R.）及 1+1、3+97 溶液。

③浓硝酸：$\rho=1.42\ g/cm^3$。

④10% NH_4SCN 溶液。

⑤0.05% 溴甲酚绿指示剂。

⑥氨水：1+1。

⑦磺基水杨酸指示剂：10% 水溶液（m/V）。

⑧乙酸-乙酸钠缓冲溶液（pH 值为 4.3）：将 42.3 g 无水乙酸钠溶于水中，加 80 cm^3 冰乙酸，然后用水稀释至 1 L，摇匀。

⑨1-(2-吡啶偶氮)-2-萘酚（简称 PAN）指示剂：0.2% 乙醇溶液（m /V）。

⑩EDTA 标准溶液：c(EDTA) = 0.010 mol/L（EDTA 经标定后的准确浓度由实验室提供）。

⑪硫酸铜标准溶液：$c(CuSO_4)$ = 0.010 mol/L 将 2.6 g 硫酸铜（$CuSO_4\cdot5H_2O$）溶于少量水中，加 4 ~ 5 滴 1+1 硫酸，用水稀释至 1 L，摇匀。

四、实验内容

1. 试样的溶解

准确称取水泥熟料 0.5 g 左右，置于干燥的 50 cm^3 小烧杯中，加 3 ~ 4 g 固体氯化铵，用平头玻璃棒混合均匀。盖上表面皿，沿杯口滴加 3 cm^3 浓盐酸和浓硝酸 4 ~ 5 滴，仔细搅拌均匀，使试样充分分解。将烧杯置于沸水浴上，杯上放一个玻璃三角架，再盖上表面皿，蒸发至近干（约需要 20 min，切不可将烧杯放在加热装置上直接加热），取下，加 10 cm^3 热的稀盐酸（3+97），搅拌，使可溶性盐类溶解，以中速定量滤纸过滤，用淀帚以热的稀盐酸（3+97）擦洗玻璃棒及烧杯，并洗涤沉淀至洗涤液中不含 Fe^{3+} 为止。Fe^{3+} 可用 NH_4SCN 溶液检验，一般来说，洗涤 10 次即可达不含 Fe^{3+} 的要求。滤液及洗涤液保存在 250 cm^3 容量瓶中，并用去离子水稀释至刻度，摇匀，供测定铁、铝用。

2. Fe^{3+}的测定

准确吸取上一步得到的容量瓶中溶液 50 cm^3 于 400 cm^3 烧杯中，加 2 滴 0.05% 溴甲酚绿指示剂（溴甲酚绿指示剂在 pH 值小于 3.8 时呈黄色，大于 5.4 时呈绿色），此时溶液呈黄色。逐滴加入氨水（1+1），使之呈绿色。然后再用盐酸（1+1）溶液调节溶液酸度至呈黄色后再过量 3 滴，此时溶液酸度 pH≈2。加热至约 70 ℃，取下，加 6～8 滴 10% 磺基水杨酸，以 0.010 mol/L EDTA 标准溶液滴定。滴定开始时溶液呈紫红色，滴定速度放慢，一定要每加一滴使劲摇，然后再加一滴，直至滴到溶液变为淡黄色或无色即为终点。滴得太快，EDTA 容易多加，这样不仅会使 Fe^{3+}的结果偏高，同时还有可能会使 Al^{3+}的结果偏低。

3. Al^{3+}的测定

在滴定 Fe^{3+}后的溶液中，加入 0.010 mol/L EDTA 标准溶液约 20 cm^3，记下读数，摇匀。然后再加入 15 cm^3，pH=4.3 的乙酸-乙酸钠缓冲溶液，以精密 pH 试纸检查。煮沸 1～2 min，取下，冷却至 90 ℃左右，加入 4 滴 0.2% 的 PAN 指示剂，以 0.010 mol/L $CuSO_4$ 标准溶液滴定。开始时溶液呈黄色，随着 $CuSO_4$ 标准溶液的加入，颜色逐渐变绿并加深，直至再加 1 滴突然变紫，即为终点。在变紫色之前，可能有由蓝绿色变灰绿色的过程。在灰绿色溶液中再加 1 滴 $CuSO_4$ 溶液，即变为紫色。

五、注意事项

1. 此处以热的稀盐酸溶解残渣是为了防止 Fe^{3+}和 Al^{3+}水解成氢氧化物沉淀而混在硅酸中，以防止硅酸胶溶。

2. Fe^{3+}与 NH_4SCN 反应生成血红色的 $Fe(SCN)_3$。

3. 分离 SiO_2 后的滤液要节约使用（如清洗移液管时，取用少量此溶液，最好用干燥的移液管），尽可能多保留一些溶液，以便必要时用以重复滴定。

4. 溴甲酚绿不宜多加，如加多了，黄色的底色深，在铁的滴定中，对准确观察终点的颜色变化有影响。

5. 注意防止剧沸，否则 Fe^{3+}会水解形成氢氧化铁使实验失败。

6. 磺基水杨酸与 Al^{3+}有络合作用，不宜多加。

7. 此数值根据水泥熟料中 Al_2O_3 的大致含量以及试样的称取量进行粗略计算得出。此处加入 20 cm^3 EDTA 标准溶液，约过量 10 cm^3。

8. Al^{3+}在 pH=4.3 的溶液中会产生沉淀，因此必须先加 EDTA 标准溶液，然后再加 HAc-NaAc 缓冲溶液并加热，这样使在溶液的 pH 值达 4.3 之前，部分 Al^{3+}已络合成 Al-EDTA 络合物，从而降低 Al^{3+}的浓度，以免 Al^{3+}水解而形成沉淀。

六、思考题

1. 滴定 Fe^{3+}的 pH 值条件为多少？使用何种指示剂？滴定为什么在热溶液中进行？滴定时溶液的颜色变化是由紫红色到黄色，黄色是什么物质的颜色？

2. 在 Al^{3+}的测定中，为什么要先加入 EDTA 标准溶液，然后再加入 HAc-NaAc 缓冲溶液控制溶液 pH 值在 4.3 左右？

（柳军）

实验4.3　硫酸亚铁铵的制备及纯度检验（4 h）

一、实验目的

1. 学习复盐$(NH_4)_2SO_4 \cdot FeSO_4 \cdot 6H_2O$的制备方法。
2. 熟练掌握水浴加热、过滤、蒸发、结晶等基本无机制备操作。
3. 了解用目测比色法检验产品的质量等级。

二、实验原理

硫酸亚铁铵$(NH_4)_2SO_4 \cdot FeSO_4 \cdot 6H_2O$商品名为摩尔盐，为浅蓝绿色单斜晶体。一般亚铁盐在空气中易被氧化，而硫酸亚铁铵在空气中比一般亚铁盐要稳定，不易被氧化，并且价格低，制造工艺简单，容易得到较纯净的晶体，因此应用广泛。在定量分析中常用来配制亚铁离子的标准溶液。

和其他复盐一样，$(NH_4)_2SO_4 \cdot FeSO_4 \cdot 6H_2O$在水中的溶解度比组成它的每一组分$FeSO_4$或$(NH_4)_2SO_4$的溶解度都要小。利用这一特点，可通过蒸发浓缩$FeSO_4$与$(NH_4)_2SO_4$溶于水所制得的浓混合溶液制取硫酸亚铁铵晶体。3种盐的溶解度数据列于表4-1。

表4-1　3种盐的溶解度　　单位：g/100 g H_2O

温度/℃	$FeSO_4$	$(NH_4)_2SO_4$	$(NH_4)_2SO_4 \cdot FeSO_4 \cdot 6H_2O$
10	20.0	73	17.2
20	26.5	75.4	21.6
30	32.9	78	28.1

本实验先将铁屑溶于稀硫酸生成硫酸亚铁溶液：

$$Fe+H_2SO_4 = FeSO_4+H_2\uparrow$$

再往硫酸亚铁溶液中加入硫酸铵并使其全部溶解，加热浓缩制得的混合溶液，再冷却即可得到溶解度较小的硫酸亚铁铵晶体。

$$FeSO_4+(NH_4)_2SO_4+6H_2O = (NH_4)_2SO_4 \cdot FeSO_4 \cdot 6H_2O$$

用目视比色法可估计产品中所含杂质Fe^{3+}的量。Fe^{3+}与SCN^-能生成红色物质$[Fe(SCN)]^{2+}$，红色深浅与Fe^{3+}相关。将所制备的硫酸亚铁铵晶体与KSCN溶液在比色管中配制成待测溶液，将它所呈现的红色与含一定Fe^{3+}量所配制成的标准$[Fe(SCN)]^{2+}$溶液的红色进行比较，确定待测溶液中杂质Fe^{3+}的含量范围，确定产品等级。

三、仪器与试剂

1. 仪器

台秤，锥形瓶，水浴锅，减压过滤装置，蒸发皿，比色管，烧杯等。

2. 试剂

Na_2CO_3(10%),KSCN(1 mol/L),Fe^{3+}标准溶液,H_2SO_4(3 mol/L),$(NH_4)_2SO_4$(s),铁屑,95%乙醇,pH 试纸。

四、实验内容

1. 铁屑的净化

用台式天平称取 2.0 g 铁屑,放入锥形瓶中,加入 15 cm^3 10% Na_2CO_3 溶液,小火加热煮沸约 10 min 以除去 Fe 屑上的油污,倾去 Na_2CO_3 碱液,用自来水冲洗后,再用去离子水把铁屑冲洗干净。

2. $FeSO_4$ 的制备

往盛有铁屑的锥形瓶中加入 15 cm^3 3 mol/L H_2SO_4,水浴加热至不再有气泡放出,趁热减压过滤,用少量热水洗涤锥形瓶及漏斗上的残渣,抽干。将滤液转移至洁净的蒸发皿中,将留在锥形瓶内和滤纸上的残渣收集在一起用滤纸片吸干后称重,由已经反应的铁屑质量算出溶液中生成的 $FeSO_4$ 的量。

3. $(NH_4)_2SO_4 \cdot FeSO_4 \cdot 6H_2O$ 的制备

根据溶液中 $FeSO_4$ 的量,按反应方程式计算并称取所需$(NH_4)_2SO_4$ 固体的质量,加入上述制得的 $FeSO_4$ 溶液中。水浴加热,搅拌使$(NH_4)_2SO_4$ 全部溶解,并用3 mol/L H_2SO_4 溶液调节至 pH 值为 1 ~2,继续在水浴上蒸发、浓缩至表面出现结晶薄膜为止(蒸发过程不宜搅动溶液)。静置,使之缓慢冷却,$(NH_4)_2SO_4 \cdot FeSO_4 \cdot 6H_2O$ 晶体析出,减压过滤除去母液,并用少量 95%乙醇洗涤晶体,抽干。将晶体取出,摊在两张吸水纸之间,轻压吸干。

观察晶体的颜色和形状。称重,计算产率。

4. 产品检验[Fe(Ⅲ)的限量分析]

产品的主要杂质是 Fe^{3+},利用 Fe^{3+}与硫氰化钾形成血红色配离子$[Fe(SCN)_n]^{3-n}$ 颜色的深浅,用目视比色法可确定其含 Fe^{3+}的级别(表 4-2)。

在小烧杯中称取 1 g 产品(称准至 0.10 g),用少量不含氧的蒸馏水溶解后,转移至 25 cm^3 比色管中,再加 1 cm^3 3 mol/L H_2SO_4 和 2 cm^3 1 mol/L KSCN 溶液,继续加不含氧的蒸馏水至 25 cm^3 刻度,摇匀,与 Fe(Ⅲ)标准溶液的显色结果对照比色,确定产品中杂质 Fe^{3+}含量所达的级别,算出产品中 Fe^{3+}的百分含量范围。

表 4-2 Fe(Ⅲ) 标准溶液的显色分级

级别	一	二	三	四
含 Fe^{3+}量/mg	0.050	0.10	0.15	0.20

五、注意事项

1. 不必将所有铁屑溶解完,实验时溶解大部分铁屑即可。

2. 酸与铁屑反应时要注意分次补充少量水,以防止 $FeSO_4$ 析出。

3. $(NH_4)_2SO_4$ 的用量按计算量称取。

4. 硫酸亚铁铵的制备：加入硫酸铵后，应搅拌使其溶解后再往下进行。使用水浴加热，防止失去结晶水。

5. 蒸发浓缩初期要不停搅拌，但要注意观察晶膜，一旦发现晶膜出现即停止搅拌。

6. 最后一次抽滤时，注意将滤饼压实，不能用蒸馏水或母液洗晶体。

六、思考题

1. 本实验采取了什么措施防止 Fe^{2+} 被氧化？如果你的产品含 Fe^{3+} 较多，请分析原因。

2. 在铁与硫酸反应、蒸发浓缩溶液时，为什么采用水浴加热？

3. 进行产品含 Fe^{3+} 的限量分析时，为什么要用不含氧气的蒸馏水溶解产品？

4. 怎样才能得到较大的晶体？可用实验证实你的想法。

5. 如果要配制每毫升含 Fe^{3+} 0.1 mg 的溶液 1 dm^3，需称取多少硫酸高铁铵 $NH_4Fe(SO_4)_2 \cdot 12H_2O$？（提示：482.28 g $NH_4Fe(SO_4)_2 \cdot 12H_2O$ 含 Fe^{3+} 55.85 g）

七、补充说明

1. 标准色阶溶液的配制（当天配好）：依次用吸量管吸取每毫升含 Fe^{3+} 0.01 mg 的标准溶液 5.00 cm^3、10.0 cm^3、15.0 cm^3、20.0 cm^3 分别加到 4 支 25 cm^3 的比色管中，各加入 1 cm^3 3 mol/L H_2SO_4 和 2 cm^3 1 mol/L KSCN 溶液，用蒸馏水稀释至刻度，摇匀。

2. 不含氧的蒸馏水的制取：将蒸馏水小火煮沸约 10 min，驱除水中所溶解的氧，盖好冷却后备用。

（牟元华）

实验 4.4　沉淀的相互转化及含铬废水的处理（3 h）

一、实验目的

1. 培养、训练自行设计实验方案的能力。

2. 综合运用难溶强电解质的沉淀——溶解平衡、配位平衡、电极电势等相关理论，提高分析、解决实际问题的能力。

3. 根据实验内容，运用学过的理论知识确定实验方案，拟定具体实验步骤。

4. 查阅有关的难溶强电解质的溶度积、配合物的稳定常数，根据实验说明难溶强电解质、配合物的转化规律。

5. 掌握利用氧化还原反应和中和沉淀处理含铬废水的基本方法。

二、实验要求

1. 根据实验内容，运用学过的理论知识确定实验方案，拟定具体实验步骤。

2. 查阅有关的难溶强电解质的溶度积、配合物的稳定常数，根据实验说明难溶强电解质、配合物的转化规律。

3. 掌握利用氧化还原反应和中和沉淀处理含铬废水的基本方法。

三、仪器与试剂

1. 仪器

722 型分光光度计（或 721 型分光光度计），比色管（25 cm^3），酸度计（或 pH 试纸），刻度移液管（5 cm^3），移液管（10 cm^3），烧杯（500 cm^3，250 cm^3），容量瓶（1 000 cm^3，100 cm^3，50 cm^3），量筒（100 cm^3，10 cm^3）漏斗，台天平，漏斗架，试管，玻璃棒，滤纸，酒精灯，滴管。

2. 试剂

$AgNO_3$（0.1 mol/L），NaCl（0.1 mol/L），KBr（0.1 mol/L），KI（0.1 mol/L），$NH_3 \cdot H_2O$（6 mol/L），Na_2S（0.1 mol/L），$Na_2S_2O_3$（1 mol/L 及饱和），H_2SO_4（50%，3 mol/L），H_3PO_4（50%），$Ca(OH)_2$（饱和），铬标准溶液（1 mg/L），二苯碳酰二肼-丙酮溶液，含铬废液（1 g/L），$FeSO_4 \cdot 7H_2O(s)$。

四、实验内容

自拟方案，通过配合物与难溶强电解质沉淀间的相互转化的实验证实：

$$K_s(AgCl) > K_s(AgBr) > K_s(AgI) > K_s(Ag_2S)$$

$$K_{稳}\{Ag(S_2O_3)_2^{3-}\} > K_{稳}\{Ag(NH_3)_2^{+}\}$$

实验提示：$NH_3 \cdot H_2O$ 可溶解 AgCl↓；不同浓度的 $Na_2S_2O_3$ 可分别溶解 AgBr↓及 AgI↓，但不能溶解 Ag_2S↓。

现有含六价铬 1.0 g/L 的工业废水，请自行设计实验方案，采用化学法将含铬废水中的铬除去，使水中六价铬含量小于 0.5 mg/L，达到工业废水排放标准；水中六价铬含量小于 0.05 mg/L，达到《生活饮用水卫生标准》(GB 5749—2022)。

实验提示：六价铬在强酸性条件下可以与 Fe^{2+} 反应，转化为 Cr^{3+}，然后再利用沉淀法可将 Cr^{3+} 转化为 $Cr(OH)_3$ 沉淀，从而除去废水中的铬；但是如果溶液的 pH 值太低会影响沉淀的生成（pH 最好控制在 1.0～2.0，$K_s\{Cr(OH)_3\} = 6.3 \times 10^{-31}$）。

六价铬的检查：

①六价铬的定性检测方法：在酸性介质中，六价铬与二苯碳酰二肼生成特征的紫红色化合物，六价铬浓度越大，颜色越深。

工业废水排放标准色的配置：取 20 cm^3 0.50 mg/L 铬标准溶液于 25 cm^3 比色管中，加入 50% 磷酸和 50% 硫酸各 3 滴，加 0.2% 二苯碳酰二肼-丙酮溶液 1 cm^3，再加蒸馏水至 25 cm^3，观察颜色变化。以此为基准，作废水处理效果的衡量（现用现配）。

满足《生活饮用水卫生标准》(GB 5749—2022)的水的标准色的配置：取 2 cm^3 0.50 mg/L 铬标准溶液于 25 cm^3 比色管中，加入 50% 磷酸和 50% 硫酸各 3 滴，加 0.2% 二苯碳酰二肼-丙酮溶液 1 cm^3，再加蒸馏水至 25 cm^3，观察颜色变化。以此为基准，作废水处理效果的衡量（现用现配）。

废液中六价铬的处理效果衡量：取处理后废液 20 cm^3 于 25 cm^3 比色管中，加入 50% 磷酸和 50% 硫酸各 3 滴，加 0.2% 二苯碳酰二肼-丙酮液 1 cm^3，再加蒸馏水至 25 cm^3，观察颜色并与上述标准色比较（如果溶液颜色比标准色浅，说明就能达到上述排放标准），判断是否达到相应标准。

②六价铬的分光光度定量测定方法：绘制标准曲线：用移液管分别吸取 0、0.50、1.00、2.00、3.00、4.00 和 5.00 cm^3 铬标准贮备溶液于 7 支 25 cm^3 的比色管中，均用水稀释至 20 cm^3 左右，加入 50% 磷酸和 50% 硫酸各 3 滴，加入 0.2% 二苯碳酰二肼-丙酮溶液 1.0 cm^3 立刻摇匀，分别用水稀释至标线，摇匀，5～10 min 后，采用 1 cm 比色皿，以试剂溶液作参比，在 540 nm 处，用分光光度计分别测定其吸光度，将测定结果在坐标纸上绘制出六价铬含量标准曲线。

测定含铬废液的六价铬含量：准确吸取含铬废液 1.0 cm^3 于 1 000 cm^3 容量瓶中，用水稀释至刻度，再准确吸取此稀释液 2.00 cm^3 于 25 cm^3 比色管中，加入 50% 磷酸和 50% 硫酸各 3 滴，加 0.2% 二苯碳酰二肼-丙酮溶液 1.0 cm^3，然后用水稀释至 25 cm^3。用 1 cm 比色皿，以试剂溶液作参比，于 540 nm 处在分光光度计上测定上述稀释液的吸光度，再根据所绘制的标准曲线推算出含铬废液中六价铬的含量。

测定处理后废液中六价铬含量：取处理后废液 20 cm^3 于 25 cm^3 比色管中，加入 50% 磷酸和 50% 硫酸各 3 滴，加 0.2% 二苯碳酰二肼-丙酮液 1 cm^3，再加蒸馏水至 25 cm^3，按前述方法测定其吸光度，从标准曲线上查出六价铬的含量，确定是否已达到低于 0.50 mg/L 的《污水综合排放标准》（GB 8978—1996）或低于 0.05 mg/L 的《生活饮用水卫生标准》（GB 5749—2022）。

五、思考题

1. 在沉淀和配合物相互转化实验中，生成沉淀若不离心分离，滤掉液体，直接以混合物进行下一步实验，会有什么影响？

2. 在含铬废水处理实验中，加酸使溶液的 pH 值控制在多少？加碱使溶液的 pH 值控制在多少？请计算说明。此外，生成的沉淀中有哪些成分？

六、补充说明

铬标准溶液（1 mg/L）的配制：称取 0.282 9 g 已于 110 ℃干燥过 2 h 的 $K_2Cr_2O_7$，用水溶解后移入 1 000 cm^3 容量瓶中，加水稀释至刻度，摇匀，再取 10 cm^3 此溶液稀释至 1 000 cm^3，摇匀，即得 1 dm^3 含六价铬 1 mg 的铬标准贮备溶液。

二苯碳酰二肼 丙酮溶液的配置：称取 0.20 g 二苯碳酰二肼，溶于 50 cm^3 丙酮中，加水解释至 100 cm^3，摇匀，用棕色瓶盛装，存放冰箱中，应现用现配。

含铬废液（1 g/L）的配制：用 $K_2Cr_2O_7$ 或 CrO_3 配制，若取工业废水应进行过滤等预处理。

（王孝华）

实验4.5　以铝箔、铝制饮料罐为原料制备氢氧化铝(4 h)

一、实验目的

1. 了解用废铝制备氢氧化铝的方法。
2. 增强废物综合利用的环境保护意识。
3. 学习查阅资料、设计实验方案的能力。

二、实验原理

铝是活泼金属，延展性好，可加工成极薄的薄膜。现代食品、香烟等包装内衬很多用铝箔，饮料罐多用薄铝制造。如果回收这些废物，可获得一定的效益，若抛弃，不仅造成资源浪费，而且导致环境污染。大量的铝离子进入人体能毒害神经，甚至导致痴呆。大量铝的废料可以用熔炼的方法回收成金属铝，而对于零散的铝制品包装袋之类，可以采用化学方法制成化学试剂 $Al(OH)_3$、Al_2SO_4 等。

$Al(OH)_3$ 为白色沉淀，难溶于水($K_s = 1.3\times10^{-33}$)。$Al(OH)_3$ 为两性氢氧化物，新鲜制备的 $Al(OH)_3$ 既可溶于酸也可溶于碱，但随时间的推移其溶解能力下降，直至不溶。$Al(OH)_3$ 主要用于制备各种铝盐及 Al_2O_3，经一定处理后还能作为吸附剂、阻燃剂等。

本实验以人们在生活中大量废弃的铝制品为原料，将其转变为 $Al(OH)_3$，达到废物回收利用的目的。

由金属铝制备氢氧化铝的方法很多，其中一种比较简单、副反应较少的是采用铝酸盐法制备氢氧化铝。其原理为：金属铝与 NaOH 溶液反应，产生铝酸盐。其反应式如下：

$$2Al+2NaOH(aq)+6H_2O \longrightarrow 2Na[Al(OH)_4](aq)+3H_2(g)$$

在铝酸盐溶液中加入 NH_4HCO_3 的饱和溶液(或通入 CO_2)，即有 $Al(OH)_3$ 沉淀析出：

$$2Na[Al(OH)_4](aq)+NH_4HCO_3(aq) \longrightarrow Na_2CO_3(aq)+2Al(OH)_3(s)+NH_3(g)+2H_2O$$

$$2Na[Al(OH)_4](aq)+CO_2(g) \longrightarrow Na_2CO_3(aq)+2Al(OH)_3(s)+H_2O$$

经减压过滤、洗涤、干燥，得产品。

三、仪器与试剂

1. 仪器

台秤，烧杯，布氏漏斗，吸滤瓶，称量瓶，电子天平，酸式滴定管。

2. 试剂

NaOH (3 mol/L)，HNO_3(2 mol/L)，HCl (1 : 1)，氨水(1 : 1)，锌标准溶液与 EDTA 标准溶液 (0.02 mol/L，准确浓度均由实验室提供)，六次甲基四胺溶液(20% 水溶液)，二甲酚橙指示剂(0.2% 水溶液)。

四、实验内容

如果采用铝箔，则先把香烟铝箔用水浸泡，剥去白纸；用废易拉罐则将其外面用砂纸打磨，用热的 Na_2CO_3 溶液洗涤后，再用自来水、去离子水冲洗干净，剪成细条待用。

称量剪细的铝屑 5 g，分次少量地加入到 50 cm^3，3 mol/L 的 NaOH 溶液中（由于强烈放热和释放 H_2，实验应在通风橱中进行，并远离火源），反应结束后过滤。

滤液稀释至 200 cm^3，在搅拌下逐渐加入 2 mol/L 的 HNO_3 溶液直至中性，过滤析出的 $Al(OH)_3$ 沉淀，洗涤、干燥，得到产品 $Al(OH)_3$。

用 EDTA 返滴定法测定产品中的铝含量。

参考方法如下：

①准确称取 0.8 g 左右产品，加入 HCl (1∶1) 8 cm^3，加水至 40 cm^3，煮沸。冷却后过滤，并用水洗涤沉淀。收集滤液及洗涤液于 100 cm^3 容量瓶中，用水稀释至标线，摇匀，制成试液。

②准确移取上述试液 5.00 cm^3 于 250 cm^3 锥形瓶中，加水至 25 cm^3 左右。准确加入 0.02 mol/L EDTA 溶液 25.00 cm^3，摇匀。加入二甲酚橙指示剂 2 滴，滴加氨水(1∶1)至溶液恰呈紫红色，然后滴加 HCl(1∶1)2 滴。将溶液煮沸 3 min 左右，冷却，加入 20% 六次甲基四胺溶液 10 cm^3，使溶液 pH 值为 5～6。再加入二甲酚橙指示剂 2 滴，用锌标准溶液滴至黄色突变为红色。根据 EDTA 加入量与锌标准溶液滴定体积，计算铝含量。

五、实验数据记录与处理

1. 计算 $Al(OH)_3$ 产率及纯度，讨论提高产品质量和产率的措施。

2. 所制产品 $Al(OH)_3$ 应为白色无定形粉末，能溶于强酸、强碱，符合工业级标准。$Al(OH)_3$ 工业级标准列于表 4-3。

表 4-3　$Al(OH)_3$ 的工业标准

项目	$Al(OH)_3$	H_2O	Cl^-	SO_4^{2-}
质量分数/%	≥98	≤1.2～1.8	≤0.2	≤0.1

六、思考题

能否用 EDTA 直接滴定产品中的铝含量？为什么？

（柳军）

实验 4.6　水泥熟料中 SiO_2 含量的测定(4 h)

一、实验目的

1. 学会用容量法测定水泥中二氧化硅含量的原理和方法。
2. 熟悉称量、过滤、滴定等操作。

二、实验原理

水泥按其组成成分分类有：普通硅酸盐水泥、矿渣硅酸盐水泥、火山灰质硅酸盐水泥、粉煤灰硅酸盐水泥、铝酸盐水泥、超硫酸盐水泥、氟铝酸盐水泥、铁铝酸盐水泥等。水泥广泛应用于工业建筑、民用建筑、道路、桥梁、水利工程、地下工程、国防工程中。

在建筑施工质量检查中,水泥质量是必查的一项技术指标。关于水泥成分的分析是生产和使用水泥过程中重要的一环。

水泥的品种中最主要的是硅酸盐水泥。含有的元素有金属 Ca、Al、Fe 与非金属 O 和 Si 等。主要以氧化物的形式存在。

硅酸盐水泥的主要成分:CaO,约 $\omega_B=0.60$;SiO_2,约 $\omega_B=0.20$;其余为 Al_2O_3 和 Fe_2O_3 等。这些成分分别来自石灰石、黏土和氧化铁粉。

水泥熟料中主要成分为:硅酸三钙、二钙盐和铝酸三钙、铁铝酸四钙盐。碱性氧化物约占60%,其化学性质之一是易被酸分解成硅酸和可溶性盐。

本实验用氟硅酸钾容量法测定水泥熟料中 SiO_2 含量。

水泥熟料用硝酸分解生成水溶性硅酸和硝酸盐:

$$3CaO\cdot SiO_2+6HNO_3 = H_2SiO_3+3Ca(NO_3)_2+2H_2O$$

$$2CaO\cdot SiO_2+4HNO_3 = H_2SiO_3+2Ca(NO_3)_2+2H_2O$$

$$3CaO\cdot Al_2O_3+12HNO_3 = 3Ca(NO_3)_2+2Al(NO_3)_3+6H_2O$$

$$4CaO\cdot Al_2O_3\cdot Fe_2O_3+20HNO_3 = 4Ca(NO_3)_2+2Al(NO_3)_3+2Fe(NO_3)_3+10H_2O$$

在有过量的氟离子、钾离子存在的强酸性溶液中,使硅酸形成氟硅酸钾(K_2SiF_6)沉淀。

$$2K^++SiO_3^{2-}+6F^-+6H^+ = K_2SiF_6\downarrow+3H_2O$$

将沉淀的 K_2SiF_6 过滤、洗涤、中和后,加沸水使之与水反应生成定量的 HF:

$$K_2SiF_6+3H_2O = 2KF+H_2SiO_3+4HF$$

以酚酞为指示剂,用 NaOH 标准溶液滴定 HF:

$$HF+NaOH = NaF+H_2O$$

H_2SiO_3($K_{a1}=1.7\times10^{-10}$)是比 HF($K_a=6.6\times10^{-4}$)弱得多的酸,因此不会干扰滴定。

根据 NaOH 标准溶液的浓度和滴定消耗的体积,以及反应方程式之间物质的量的关系,可算出试样中 SiO_2 的含量。其计算式为:

$$SiO_2\% = \frac{c(NaOH)\cdot V(NaOH)\times10^{-3}\times60}{4G} \tag{4-2}$$

式中 c(NaOH)——NaOH 标准溶液的浓度,mol/L;

V(NaOH)——滴定所耗 NaOH 标准溶液的体积,mL;

G——水泥的质量,g。

本实验操作中的关键:掌握好 K_2SiF_6 的沉淀、HF 与水反应的条件、防止 K_3AlF_6 沉淀的产生。

三、仪器与试剂

1. 仪器

电光分析天平,塑料烧杯(400 mL),碱式滴定管(50.00 mL),快速定性滤纸,塑料棒,漏斗,漏斗架,小量筒(10 mL),烧杯(1 000 mL)。

2. 试剂

水泥熟料,KCl(5% KCl-乙醇溶液),10% KF,HNO_3(浓),KCl(晶体),5% KCl,1% 酚酞,标

准 NaOH 溶液(0.1 mol/L),去离子水,煮沸的去离子水。

四、实验内容

1. 准确称取 0.200 0 ~ 0.300 0 g(准确到小数点后四位)水泥熟料试样置于干燥的400 mL 的塑料烧杯中,加 20 mL 去离子水,用塑料棒搅拌至散。

2. 用小量筒加入 10 mL 10% KF 和 10 mL 浓 HNO_3,充分搅拌至试样完全溶解(无黑色颗粒),冷却至室温。

3. 用台天平称量 KCl 晶体 4.5 g。

4. 将 KCl 晶体放入烧杯中,不断搅拌,使之溶解并反应,这时应观察到有 KCl 晶体颗粒残留,意味着 KCl 达饱和。若发现未达饱和,再补加少量 KCl 晶体并搅拌之。放置 10 min。

5. 用快速定性滤纸过滤,塑料烧杯和沉淀用 5% KCl 溶液洗涤 2 ~ 3 次(每次用 3 ~ 5 mL)。

6. 将带沉淀的滤纸展开,有沉淀的一面向上平放于杯底,沿杯壁加入 10 mL 5% KCl-乙醇溶液及 10 滴 1% 酚酞指示剂。

7. 用 0.1 mol/L NaOH 标准溶液中和未洗尽的游离酸至溶液呈现微红色。

8. 将煮沸的去离子水用 NaOH 溶液中和至酚酞微红,取 200 mL 加入塑料烧杯中,以促进水解。

9. 再用 0.1 mol/L 的 NaOH 标准溶液滴定。注意:开始滴定时滤纸贴于烧杯内壁上,边滴定边搅动溶液,待溶液出现红色后,将滤纸浸入溶液中,继续滴定至溶液呈淡红色即达终点。记录滴定用 NaOH 标准溶液的体积。计算水泥中 SiO_2 含量。

五、思考题

1. 为什么加 KCl 晶体要达饱和?

2. 滴定用 NaOH 标准溶液体积如何计算?

3. 如果滴定过量,计算出的 SiO_2 含量偏大还是偏小?

（柳军）

实验 4.7　苯胺改性核桃壳作为 Pb(Ⅱ)吸附剂(4 h)

一、实验目的

1. 掌握苯胺改性核桃壳的基本原理。

2. 掌握苯胺改性核桃壳的工艺。

3. 对比苯胺改性核桃壳和未改性核桃壳对 Pb(Ⅱ)吸附效果。

二、实验原理

冶金工业、电镀工业、化学工业等工业废水中含有高浓度的铅,含铅废水必须经过处理后达标排放,不然会对人体健康产生长远的不良影响。目前,处理含铅废水的方法主要有化学沉淀法、吸附法、离子交换法和电渗析法等，但这些方法在处理低浓度（1～100 mg/L）含 Pb（Ⅱ）废水时，因费用昂贵、效率低和易引起二次污染等问题而受到限制。生物吸附法是近年来发展起来的废水处理新技术，具有去除效率高、操作简单、成本低等优点，是一种极具潜力的 Pb（Ⅱ）去除技术。由于农林废弃物生物吸附法具有原材料来源丰富、成本低、吸附效果好，近几年相关研究较多。

研究表明苯胺改性农林废弃物作为 Pb（Ⅱ）吸附剂，具有改性工艺环保、改性工艺简单、改性成本低以及改性效果好等优点。核桃壳来源广泛，富含纤维素和木质素，对重金属离子具有较强的吸附能力。本实验探讨苯胺改性核桃壳作为 Pb（Ⅱ）吸附剂的改性原理和工艺，对比苯胺改性核桃壳和未改性核桃壳对 Pb（Ⅱ）吸附效果。

三、仪器与试剂

1. 仪器

DZ11-2 恒温水浴锅，JJ-I 定时电动搅拌器，HJ-3A 恒温磁力搅拌器，AL204 电子天平，DHG-9076A 电热恒温鼓风干燥箱，SHZ-C 循环水多用真空泵，6202 粉碎机及分样筛。

2. 试剂

核桃壳，苯胺、硝酸铅、盐酸、氢氧化钠、硝酸、过硫酸铵、EDTA 等试剂都是分析纯。

四、实验内容

1. 核桃壳的预处理

将核桃壳用自来水清洗 2 次，以洗掉表面灰尘，再用去离子水润洗 2～3 次，放到烘箱，在 90 ℃烘 2 h。然后用粉碎机粉碎，过分样筛，分别得到 20 目、40 目、60 目、80 目和 100 目的核桃壳。

2. 含 Pb^{2+} 模拟废水的配制

称取 1.598 6 g 的分析纯 $Pb(NO_3)_2$ 到烧杯中，加入 10 mL 1.0 mol/L HNO_3，搅拌溶解后移入 1 000 mL 容量瓶中，用去离子水定容至刻度，配制为 1 000 mg/L 的 Pb^{2+} 模拟废水，再稀释成其他浓度 Pb^{2+} 模拟废水。

3. 苯胺改性核桃壳

称量 6 g 核桃壳，加入 250 mL 三颈瓶中，加入 100 mL 1.0 mol/L 的盐酸溶液，再加入一定量的苯胺，使苯胺的浓度为 0.4 mol/L。充分搅拌后，按照过硫酸铵与苯胺摩尔配比为 1∶1 的过硫酸铵用量溶于 50 mL 1.0 mol/L 的盐酸溶液中，将此溶液逐滴加入三颈瓶中，滴加过程用冰水混合物控温，滴加完成后，在室温下（20 ℃左右）反应 2 h。反应完成后，抽滤，用去离子水充分洗涤至滤液无色，将改性核桃壳在 60 ℃的干燥箱中干燥 5 h，即得到苯胺改性核桃壳吸附剂。

4. 苯胺改性核桃壳和未改性核桃壳处理含 Pb^{2+} 模拟废水

分别取 150 mL、200 mg/L 的含 Pb^{2+} 模拟废水于 2 个 250 mL 烧杯中，用 1.0 mol/L 的盐酸和 1.0 mol/L 氢氧化钠溶液调节废水 pH 值为 5，在 2 个烧杯中分别加入 1 g 苯胺改性核桃壳和未改性核桃壳，室温（20 ℃）下搅拌 1 h 后，过滤，用 EDTA 滴定法测定滤液中 Pb^{2+} 的浓度，计算 Pb^{2+} 离子的吸附率和吸附容量。对 Pb^{2+} 离子的吸附率和吸附容量分别按式（4-3）和式（4-4）计算：

$$R(\%)=\frac{C_0-C_t}{C_0} \tag{4-3}$$

$$q(\mathrm{mg/g})=\frac{(C_0-C_t)V}{m} \tag{4-4}$$

式中　V——吸附液的体积，L；

C_0——吸附前 Pb^{2+} 离子的初始浓度，mg/L；

C_t——吸附 t 时刻 Pb^{2+} 的浓度，mg/L；

m——吸附剂的用量，g。

计算出苯胺改性核桃壳和未改性核桃壳对含 Pb^{2+} 模拟废水的吸附率 R 和吸附量 Q，并作比较。

五、思考题

1. 比较改性前后核桃壳对 Pb^{2+} 的吸附能力的差别？
2. 解释苯胺改性核桃壳机理？
3. 探讨改性影响因素的影响机理？

（汤琪）

实验4.8　纳米二氧化钛光催化剂的合成及其催化性能（4 h）

一、实验目的

1. 了解纳米光催化技术的基础知识和发展趋势。
2. 掌握溶胶-凝胶法制备纳米粒子的原理，用溶胶-凝胶法制备纳米 TiO_2 微粉。
3. 了解纳米粒子常用的表征手段。
4. 掌握纳米材料的合成方法并对其了解应用前景。

二、实验原理

自20世纪70年代初发现二氧化钛电极具有光照下分解水的功能以来，有关二氧化钛半导体光催化剂的研究成为环境领域的一个热点。用半导体光催化分解毒性有机物有两个优点：第一，适当选择催化剂，可以利用太阳能处理毒物，节约能源；第二，一些半导体的光生空穴具有很强的氧化能力，能彻底降解绝大多数有机物质，而且能将它们最后分解为二氧化碳、水和无机物，避免了用化学方法处理带来的二次污染。制备纳米粒子的方法很多，如化学沉淀法、溶胶-凝胶法、水热法、微乳液法、反相胶团法、气相法等。

溶胶-凝胶法（Sol-Gel 法）是指无机物或金属醇盐经过溶液、溶胶、凝胶而固化，再经热处理而成的氧化物或其他化合物固体的方法。溶胶是指微小的固体颗粒悬浮分散在液相中，并且不停地进行布朗运动的体系。根据粒子与溶剂间相互作用的强弱，通常将溶胶分为亲液型和憎液型两类。由于界面原子的吉布斯自由能比内部原子高，溶胶是热力学不稳定体系。凝胶是指胶体颗粒或高聚物分子互相交联，形成空间网状结构，在网状结构的孔隙中充满了液体(在干凝胶中的分散介质也可以是气体)的分散体系。并非所有的溶胶都能转变为凝胶,凝胶能否形成的关键在于胶粒间的相互作用力是否足够强,以致克服胶粒-溶剂间的相互作用力。对于热力学不稳定的溶胶,增加体系中粒子间结合所需克服的能垒可使之在动力学上稳定。因此,胶粒间相互靠近或吸附聚合时,可降低体系的能量,并趋于稳定,进而形成凝胶。该方法的优点是:

①反应温度低,反应过程易于控制。

②制品的均匀度和纯度高,均匀性可达分子或原子水平。

③化学计量准确,易于改性,掺杂的范围宽(包括掺杂的量和种类)。

④从同一种原料出发,改变工艺过程即可获得不同的产品,如粉料、薄膜、纤维等。

⑤工艺简单,不需要昂贵的设备。

但目前该项技术还处于发展完善阶段,如采用的金属醇盐成本较高以及如何选择催化剂、溶液的 pH 值、水解、聚合温度以及防止凝胶在干燥过程中的开裂等。随着科学工作者的不断努力,对溶胶-凝胶机理的进一步认识,其方法在制备新材料领域会得到更加广泛的应用。

钛酸四丁酯的水解反应为分步水解,方程式为:

$$Ti(OR)_n + H_2O \longrightarrow Ti(OH)(OR)_{n-1} + ROH$$

$$Ti(OH)(OR)_{n-1} + H_2O \longrightarrow Ti(OH)_2(OR)_{n-2} + ROH$$

反应持续进行,直到生成 $Ti(OH)_n$。

缩聚反应:

$$—Ti—OH + HO—Ti \longrightarrow —Ti—O—Ti + H_2O$$

$$—Ti—OR + HO—Ti \longrightarrow —Ti—O—Ti + ROH$$

最后获得氧化物的结构和形态依赖于水解与缩聚反应的相对反应程度,当金属-氧桥-聚合物达到一定宏观尺寸时,形成网状结构从而溶胶失去流动性,即凝胶形成。

纳米材料的表征方法包括以下几类。

①粒度分析:激光粒度分析法、电镜法粒度分析法等。

②形貌分析:扫描电镜、透射电镜、扫描探针显微镜和原子力显微镜等。

③成分分析:包括体相材料分析方法和表面与微区成分分析方法。体相材料分析方法有原子吸收光谱法,电感耦合等离子体发射法,X 射线荧光光谱分析法;表面与微区成分分析方法包括电子能谱分析法、电子探针分析方法、电镜能谱分析方法和二次离子质谱分析方法等。

④结构分析:X 射线衍射,电子衍射等。

⑤界面与表面分析:X 射线光电子能谱分析,欧杰电子能谱术等。

三、仪器与试剂

1. 仪器

电磁搅拌器,离心机,恒温干燥箱,高温炉,光化学反应器(南京长宁无线电厂),高速离心机(15 000 r/min),紫外-可见分光光度计,X 射线衍射仪,透射电子显微镜。

2. 试剂

钛酸四丁酯,无水乙醇,冰醋酸,甲基橙(各试剂均用 AR 或 CP 级产品)。

四、实验内容

1. 纳米 TiO_2 的制备

室温下将 10 mL 钛酸四丁酯缓慢倒入 50 mL 无水乙醇中，放置几分钟，得到均匀透明的溶液 A，将 10 mL 冰醋酸加入 10 mL 蒸馏水与 40 mL 无水乙醇中，剧烈搅拌，得到溶液 B。再于剧烈搅拌下将已移入分液漏斗中的溶液 A 缓慢滴加到溶液 B 中，约 25 min 滴完，得到均匀透明的溶胶，继续搅拌 15 min 后，在室温下静置，待形成透明凝胶后，65 ℃下真空干燥，玛瑙研钵中碾磨，得到干凝胶粉末，再在 500 ℃下于高温炉中煅烧 2 h 便得到 TiO_2 纳米粉体。

改变溶液 B 的用量，探索凝胶形成条件。

改变实验条件，探索凝胶形成条件、煅烧温度和煅烧时间对纳米粒子大小的影响。

2. 纳米 TiO_2 的表征

以透射电子显微镜观测产物的粒度，以 X 射线衍射仪测定产物结构。

3. 光催化实验

将初始浓度为 20 mg/L 的甲基橙 250 mL 溶液置于光化学反应仪中，加入一定量的纳米 TiO_2 光催化剂，分散均匀，打开紫外灯光源，并同时记下反应时间。每隔一定的时间取样高速离心分离后测定甲基橙溶液的吸光度变化，并与不加光催化剂的情况进行比较，并评价纳米 TiO_2 的催化性能。

五、思考题

1. 溶胶-凝胶法制备纳米氧化物过程中，哪些因素影响产物的粒子大小及其分布？
2. 从表面化学角度考虑，如何减少纳米粒子在干燥过程中的团聚？
3. 纳米粒子常用的表征手段有哪些？

（汤琪）

实验 4.9　羟基磷灰石的制备及表征（4 h）

一、实验目的

1. 掌握纳米羟基磷灰石的制备及原理。
2. 了解羟基磷灰石的表征方法及生物相容性。

二、实验原理

羟基磷灰石（hydrrosyapatite，HAP）分子式为 $Ca_{10}(PO_4)_6(OH)_2$ 是自然骨无机质的主要成分，具有良好的生物相容性和生物活性，可以引导骨的生长，并与骨组织形成牢固的骨性结合。HAP 是生物活性陶瓷的代表性材料，生物活性材料是指能够在材料和组织界面上诱导生物或化学反应，使材料与组织之间形成较强的化学键，达到组织修复的目的。HAP 在组成上与人体骨的相似性，使 HAP 与人体硬组织以及皮肤、肌肉组织等都有良好的生物相容性，植入体内不仅安全、无毒，还能引导骨生长，即新骨可以从 HAP 植入体与原骨结合处沿着植入的体表面或内部贯通性空隙攀附生长，材料植入体内后能与骨组织形成良好的化学键结合。HAP 主要的生物学应用作骨组织代替材料，磷酸钙类生物陶瓷材料在临床应用中遇到的最大困难之一是材料强度差，尤其是韧性低，且机械可加工性差，导致其在临床应用中受到了极大的限制。为了改善 HAP 陶瓷的脆性和强度问题，一般会在其中添加 ZrO_2 和碳纤维或是 Al_2O_3 和玻璃等物质进行增韧。纳米级羟基磷灰石的制备方法很多，主要分为固相法和液相法两大类。固相法合成在一定条件下（高温、研磨）让磷酸盐与钙盐充分混合发生固相反应，合成 HAP 粉末。液相法合成是在水液中，以磷酸盐和钙盐为原料，在一定条件下发生化学反应，生成溶解度较小的 HAP 晶粒，包括化学沉淀法、水热合成法、溶胶-凝胶法、自然烧法、微乳液法、微波法等。

化学沉淀法因具有实验条件要求不高、反应容易控制，适合制备纳米材料等优点从而得到广泛应用。沉淀法通常是在溶液状态下将不同化学成分的物质混合，在混合溶液中加入适量的沉淀剂得到纳米材料的前驱沉淀物，再将此沉淀物结晶进行干燥或煅烧制得相应的纳米材料。金属离子在沉淀过程是不平衡的，需要控制溶液中的沉淀剂的浓度，使沉淀过程缓慢发生，才会使溶液中的沉淀处于平衡状态，使沉淀能均匀地出现在整个溶液中。此法制备纳米 HAP 大多采用无机钙盐和磷酸以及磷酸盐反应得到。常采用的钙盐有：$CaCl_2$、$Ca(OH)_2$、$Ca(NO_3)_2$，常采用的磷酸以及磷酸盐有：K_2HPO_4、Na_3PO_4、$(NH_4)_2HPO_4$ 和 H_3PO_4，发生酸碱中和反应生成 HAP 纳米颗粒。沉淀法的影响因素主要有 pH 值、合成温度、反应原料纯度、反应原料浓度、反应物的混合步骤、沉淀剂的选择和添加速率等。采用化学沉淀法制备 HAP 纳米颗粒，需要的设备简单，相应的生产的经济成本也较低，很容易实现工业上大批量的生产。但化学沉淀法制备 HAP 也存在问题，制备所得的纳米 HAP 颗粒粒径均匀性差，并且团聚现象严重。化学沉淀法制备 HAP 的主要原理是在含有可溶性钙盐和磷酸盐的水溶液中，加入适量的沉淀剂，在特定条件，使溶液中两种溶剂发生化学反应，形成不溶性的水合氧化物从溶液中析出，再进行加入脱水对得到的溶液进行离心干燥，进而得到 HAP 纳米粉体。反应方程式如下：

$$10Ca(OH)_2+6H_3PO_4 \longrightarrow Ca_{10}(PO_4)_6(OH)_2+18H_2O$$

三、仪器与试剂

1. 仪器

电子天平，磁力搅拌器，酸度计，恒温水浴，离心分离机，烘箱，反应釜，超声波清洗仪，X 射线分析仪，红外光谱测试仪，透射电子显微镜。

2. 试剂

氨水，磷酸，氢氧化钙，去离子水，乙二醇。

四、实验内容

1. 羟基磷灰石的制备

首先配制氢氧化钙 $Ca(OH)_2$ 悬浮液。称取 1.8 g $Ca(OH)_2$ 粉末加入 100 mL 乙二醇中，用磁力搅拌器强烈搅拌，直至 $Ca(OH)_2$ 完全分散在乙二醇中，形成 $Ca(OH)_2$ 悬浮液。然后按照反应体系钙与磷的比值为 1.67 的比例，利用分液漏斗，将 1.47 g 的磷酸溶液缓慢滴加到不断搅拌的 $Ca(OH)_2$ 悬浮液中，至磷酸溶液滴尽，用少许水洗净分液漏斗，并将洗液继续滴加。利用氨水调节溶液的 pH 值,继续搅拌 10 min 进行沉淀。将沉淀一定时间所得的沉淀物放入离心管中,进行离心处理,将离心产物用去离子水洗涤 3 次,除去产物中杂质离子,恒温干燥箱(60 ℃)进行干燥,经研磨得到 HAP 的粉末。改变沉淀剂种类,滴加速率,可制备一系列 HAP 粉末。将 HAP 压制成片,测试其强度。

2. 性能测试

羟基磷灰石的性能测试可围绕晶体结构,比表面积、粒子尺寸、简单生物相容性测试等方面进行。

①晶体结构测试:采用 X 射线衍射研究 HAP 的晶体结构。

②比表面积及孔径测试:利用比表面积测仪测定 HAP 比表面积。

③粒子尺寸测试:采用透射电镜测试粒子尺寸。

五、实验数据记录与处理

1. 按上述测定内容书写实验报告。

2. 改变原料 $Ca(NO_3)_2$ 和 $(NH_4)_2HPO_4$ 沉淀时间,制备温度等实验条件,研究合成条件对 HAP 结构和性能的影响,并作图加以讨论。

六、思考题

1. 影响 HAP 尺寸,形貌和性能的影响因素都有哪些? 各影响因素的作用是什么?

2. 如何理解 HAP 的生物相容性?

3. 尝试用水热法制备 HAP,比较水热法和共沉淀法制备的 HAP 形貌上有何区别? 试着分析这两种方法制备 HAP 的优点。

（牟元华）

实验 4.10　塑料化学镀铜(3 h)

一、实验目的

1. 了解塑料电镀铜的基本原理。

2. 掌握塑料电镀铜的工艺过程。

3. 掌握配方条件对镀层质量的影响。

二、实验原理

我们知道,绝大部分塑料都是绝缘体,不能在塑料上进行电镀;若要电镀,必须对塑料制件的表面进行金属化处理——即在不通电的情况下给塑料制件表面涂上一层导电的金属薄膜,使其具有一定的导电能力,然后再进行电镀。

塑料制件金属化的方法很多,如真空镀膜、金属喷镀,阴极溅射、化学沉淀等。这些方法中比较行之有效的是化学沉淀法,因而它在化学工业生产中得到广泛应用。

利用化学沉积法进行塑料化学镀的现行工艺通常由下列各步组成:

除油→粗化→敏化→活化→化学镀。

以下是各步骤的详细说明。

1. 除油

塑料制件表面除油的目的在于使表面能很快地被水浸润，为化学粗化做好准备。除油的方法有有机溶剂除油、碱性化学除油和酸性化学除油等，本次实验采用的是碱性化学除油法。

2. 粗化

塑料粗化处理的目的在于在塑料表面造成凹坑、微孔等均匀的微观粗糙状况，以保证金属镀层与塑料表面具有较好的结合力。粗化的方法有两种：即机械粗化和化学粗化。由于机械粗化有一定的局限性而很少使用，通常都采用化学粗化。例如，对 ABS 塑料，化学粗化处理一般用硫酸和铬酸的混合溶液来侵蚀，使塑料表面的丁二烯珠状体溶解，留下凹坑，形成微观粗糙，同时还增加了表面积，通过红外光谱检测，还发现化学粗化过的表面存在着活性基团如—COOH、—CHO、—OH 等，这些基团的存在也会增加镀层与基体的结合力。

3. 敏化

敏化是在经粗化后的塑料表面上吸附上一层容易被还原的物质，以便在下一道活化处理时通过还原反应，使塑料表面附着一层金属薄层。最常用的敏化剂是氯化亚锡，现在认为敏化过程的机理是当塑料制品经敏化处理后，表面吸附了一层敏化液，再放入水洗槽中时，由于清洗水的 pH 值高于敏化液而使 2 价锡发生水解作用。是一种微溶于水的凝胶状物质，会沉积在塑料表面，形成一层几十埃到几千埃的凝胶物质。

4. 活化

活化处理就是在塑料工件上产生一层具有催化活性的贵金属，如金、银、钯等，以便加速后面要进行的化学沉积速度。活化好坏决定化学镀的成败。活化的原理是让敏化处理时塑料表面吸附的还原剂从活化液中还原出一层贵金属来。最常用的活化液是硝酸银型的。当敏化过的工件浸入硝酸银溶液中时，发生反应如下：

$$Sn^{2+}+2Ag^{+}\longrightarrow Sn^{4+}+2Ag\downarrow$$

5. 化学镀

化学镀是利用化学还原的方法在工件表面催化膜上沉积一层金属，使原来不导电的塑料表面沉积薄薄的一层导电的铜或镍层，便于随后进行电镀各种金属。化学镀是塑料电镀前处理的一道关键工序，切不可疏忽大意。常用的化学镀的原理是：在硫酸铜溶解中加入碱，生成氢氧化铜；当溶液中同时存在酒石酸钾钠时，则会生成酒石酸铜络合物；在溶液中加入甲醛后，铜的络合物被还原分解生成氧化亚铜；然后工件上的催化银膜进一步使氧化亚铜或络离子中的 2 价铜离子直接还原为铜。逐步形成覆盖工件表面的铜层：当塑料表面形成一层有一定厚度的紧密的化学镀金属层后，就可以像金属电镀一样，在它们上面进行常规的电镀处理了。

由上述讨论可见，塑料化学镀的工艺过程是比较复杂的，而且每一步处理的好坏都影响镀层的质量，在实验中每一步都必须严格按规定的工艺条件操作。最后还要说明的是，不是所有的塑料都能进行化学镀，目前可镀的有 ABS、聚丙烯、聚酰胺、聚甲醛、聚苯乙烯、聚乙烯等，较为常用的是 ABS。

三、仪器与试剂

1. 仪器

烧杯,玻璃棒,镊子,电热套等。

2. 试剂

有机除油液:实验室没有充足的药品可配制化学除油液。

化学粗化液:重铬酸钾 12 g;硫酸 28 mL;Al^{3+} 10 mg——暗红色溶液。

敏化液:氯化亚锡 1.0 g;盐酸 5 mL;锡粒几颗——白色固体悬浮液。

活化液:硝酸银 1.5 g;氨水 0.7 mL(1 滴)——灰色固体悬浮液。

化学镀铜液:酒石酸钾钠 4.3 g;氢氧化钠 1.0 g;硫酸铜 1.0 g;甲醛 10 mL(化学镀前临时加入)——蓝色溶液。

ABS 塑料制品(纽扣)若干。

四、实验内容

1. 配制上述各溶液 100 mL。
2. 取 ABS 塑料制品(镀件),放在除油液中浸泡 35 min。
3. 取出镀件洗净后,放入 70 ℃的粗化液中粗化 70 min。
4. 用水洗净镀件,不挂水珠(说明粗化效果良好),放入常温的敏化液中敏化 5 min。
5. 取出镀件后,用热水洗 10 min 以上,洗净后放入活化液中在室温活化 10 min。
6. 活化后的镀件,立即放入镀液中化学镀,2 min 左右,取出冲洗干净,自然干燥保存。

五、思考题

1. 化学镀与电镀的主要区别是什么?
2. 化学镀中粗化和敏化的作用是什么?
3. 化学镀中甲醛的作用是什么?

六、注意事项

1. 每一步完成后必须用去离子水漂洗干净,以免将污物带入下一步的溶液中而影响质量。

2. 粗化开始以后的各步中,必须不断翻动工件并搅拌溶液才能得到好的结果。

3. 除油和粗化步骤决定了镀层的结合性,如果处理效果不理想,铜层就很难吸附于镀件表面。敏化和活化步骤决定了银层能否均匀分布于镀件表面,如果敏化和活化不彻底,镀件表面就很难得到均匀的铜层。

(牟元华)

实验 4.11　咔唑基团聚集过程的荧光光谱特征研究实验(3 h)

一、实验目的

1. 掌握荧光波谱仪的使用方法。
2. 掌握荧光波谱分析基本方法。
3. 了解纳米沉淀过程。
4. 探索聚集过程对咔唑荧光光谱的影响规律。

二、实验原理

聚集过程影响荧光基本原理:当发光物质发生聚集后其聚集状态发生改变,可能引起其荧光发生的一些变化。如某些物质原本没有荧光,聚集之后就会有荧光,而有的物质原本有荧光,一旦发生聚集荧光就减弱甚至消失了,这样的变化主要体现在荧光强度上。而除了荧光强度的变化,聚集状态的变化还可能导致荧光波谱发生变化,典型的就是不同振动能级之间跃迁比例的变化,这样的光谱特征可以总结出来为后续开发相应的探针和传感器提供理论指导与依据。

纳米沉淀过程:对于一些难溶物无法将其分散在沉淀剂中,一般会采用纳米沉淀过程。纳米沉淀过程是将难溶物先在其良溶剂中溶解,然后再加入大量的沉淀剂中,从而达到稳定分散的目的。在本实验中水是 *N*-乙烯基咔唑的沉淀剂,无水乙醇为 *N*-乙烯基咔唑的良溶剂。

三、仪器与试剂

1. 试剂

N-乙烯基咔唑、无水乙醇、去离子水。

2. 仪器

荧光光谱仪。

四、实验内容

1. *N*-乙烯基咔唑乙醇溶液的配置

称取 50 mg 的 *N*-乙烯基咔唑,量取 50 mL 的无水乙醇将其溶解,得到浓度为 1 000 ppm (1 mg/mL)的 *N*-乙烯基咔唑乙醇溶液。

2. 不同水含量的乙醇/水混合溶剂的配置

按表 4-4 称取(用天平称质量,而非量取体积)相应量的无水乙醇和去离子水,分别编号。

表 4-4　不同水含量的乙醇/水

编号	1	2	3	4	5	6	7
无水乙醇/g	0	1.0	2.5	5.0	7.5	9.0	10.0
去离子水/g	10.0	9.0	7.5	5.0	2.5	1.0	0

3. *N*-乙烯基咔唑分散体系的配置

用移液枪移取 10 μL *N*-乙烯基咔唑乙醇溶液注射到 10 mL 水和乙醇的混合溶剂，振荡混合均匀。

将配置好的溶液放入比色皿中，在荧光光谱仪上记录相应的激发波谱与发射波谱（激发波谱测量时，发射波长固定为 363 nm，发射波谱测量时，激发波长固定为 291 nm）。

五、实验数据记录与处理

1. 对比不同水含量溶剂中咔唑基团的激发波谱，读取 $\lambda=291$ nm 处的荧光强度 I_{291} 和 $\lambda=338$ nm 处的荧光强度 I_{338}，作 $I_{291}/I_{338}-w/w\%$ 水含量图，分析讨论聚集过程对 $S_0 \to S_1$ 和 $S_0 \to S_2$ 跃迁比例的影响。

2. 对比不同水含量溶剂中咔唑基团的激发波谱，读取 0-0 跃迁的荧光强度 I_{0-0} 和 0-1 跃迁的荧光强度 I_{0-1}，作 $I_{0-0}/I_{0-1}-w/w\%$ 水含量图，分析讨论聚集过程对 $0 \to 0$ 和 $0 \to 1$ 跃迁比例的影响。

3. 对比不同水含量溶剂中咔唑基团的发射波谱，读取 0-0 跃迁的荧光强度 I_{0-0} 和 0-1 跃迁的荧光强度 I_{0-1}，作 $I_{0-0}/I_{0-1}-w/w\%$ 水含量图，分析讨论聚集过程对 $0 \to 0$ 和 $0 \to 1$ 跃迁比例的影响。

六、思考题

1. 分析总结聚集过程对咔唑荧光光谱的影响规律，并给出指示咔唑聚集的光谱指示特征。

2. 对比文献（GUO Y J, ZHENG C, YANG H M, et al. Association behaviors of carbazole-labeled polyacrylamide in water studied by fluorescence spectroscopy ［J］. RSCAdv., 2016（6）: 86989-86997）结论，和本实验结论有何异同，并分析其中可能的原因。

（郑超）

附录

附录1 常用元素相对原子质量表

元素名称	相对原子质量	元素名称	相对原子质量	元素名称	相对原子质量
银 Ag	107.87	铜 Cu	63.546	氧 O	15.999
铝 Al	26.98	氟 F	18.998	磷 P	30.974
砷 As	74.92	铁 Fe	55.847	铅 Pb	207.2
金 Au	196.97	氢 H	1.008	钯 Pd	106.4
硼 B	10.81	汞 Hg	200.59	铂 Pt	195.09
钡 Ba	137.34	碘 I	126.904	硫 S	32.06
铋 Bi	208.98	钾 K	39.098	硅 Si	28.086
溴 Br	79.904	锂 Li	6.941	锡 Sn	118.69
碳 C	12.011	镁 Mg	24.305	锶 Sr	87.62
钙 Ca	40.08	锰 Mn	54.938	钛 Ti	47.90
镉 Cd	112.40	钼 Mo	95.94	锌 Zn	65.38
氯 Cl	35.45	氮 N	14.007	锆 Zr	91.22
钴 Co	58.933	钠 Na	22.99		
铬 Cr	51.996	镍 Ni	58.71		

附录2　常用的酸和碱

溶液	相对密度	质量分数/%	物质的量浓度/($mol \cdot L^{-1}$)	质量浓度/($g \cdot 100\ cm^{-3}$)
浓盐酸	1.19	37	12.0	44.0
恒沸点盐酸(252 cm^3 浓盐酸+200 cm^3 水,沸点 110 ℃)	1.10	20.2	6.1	22.2
10%盐酸(10 cm^3 浓盐酸 +321 cm^3 水)	1.05	10	2.9	10.5
5%盐酸(50 cm^3 浓盐酸 +380.5 cm^3 水)	1.03	5	1.4	5.2
1 mol/L 盐酸(41.5 cm^3 浓盐酸稀释到 500 cm^3)	1.02	3.6	1	3.6
浓硫酸	1.84	96	18	177
10%硫酸(25 cm^3 浓硫酸+398 cm^3 水)	1.07	10	1.1	10.7
0.5 mol/L 硫酸(13.9 cm^3 浓硫酸稀释到 500 cm^3)	1.03	4.7	0.5	4.9
浓硝酸	1.42	71	16	1 01
10%氢氧化钠	1.11	10	2.8	11.1
浓氨水	0.9	28.4	15	25.6

附录3　常用指示剂

指示剂	pH 变色范围	颜色变化	配制方法
百里酚蓝	1.2～2.8	红→黄	0.1 g 溶于 21.5 cm^3 0.1 mol/L NaOH 中,加入 25 cm^3 水,混匀
甲基橙	3.1～4.4	红→黄	1 g 溶于 1 000 cm^3 水中配成 0.1%的水溶液
甲基红	4.8～6.0	红→黄	0.02 g 溶于 60 cm^3 乙醇中,加入 40 cm^3 水,混匀
酚酞	8.2～10.0	无色→粉红	0.05 g 溶于 50 cm^3 乙醇中,加入 50 cm^3 水,混匀
钙黄绿素-百里酚酞	>12	紫红+绿色荧光→紫红	1 g 钙黄绿素和 1 g 百里酚酞与 50 g 固体硝酸钾(AR)混匀,磨细,贮藏于广口瓶中
铬黑 T	9～11	酒红→纯蓝	0.5 g 铬黑 T 和 50 g 无水固体 Na_2SO_4 或 NaCl 于研砵中研磨均匀,装入广口瓶中,置于干燥的棕色瓶中保存

续表

指示剂	pH 变色范围	颜色变化	配制方法
荧光素（0.5%）	4.6～5.2	黄绿→微红	0.50 g 荧光素溶于乙醇，用乙醇稀释至 100 cm^3
溴甲酚绿	3.8～5.4	黄→蓝	0.05% 乙醇溶液
磺基水杨酸	1.5～2	红→黄	10 % 水溶液
PAN	2～12	黄→亮紫	0.2 % 乙醇溶液
二甲酚橙	<6	红→黄	0.2% 水溶液
镁试剂（偶氮紫）	>8	蓝紫→蓝	溶解 0.01 g 偶氮紫于 1 L 1 mol/L 的 NaOH 溶液中。

附录 4　常用有机溶剂的沸点、相对密度表

名称	沸点/℃	d_4^{20}	名称	沸点/℃	d_4^{20}
甲醇	64.7	0.791 3	苯	80.1	0.873 7
乙醇	78.3	0.789 4	甲苯	110.6	0.866 0
乙醚	34.6	0.713 4	二甲苯(o-,m-,p-)	137.0～140.0	
丙酮	56.24	0.790 8	氯仿	61.7	1.483 2
乙酸	117.9	1.049	四氯化碳	76.5	1.594 0
乙酐	140.0	1.082	二硫化碳	46.2	1.263 2
乙酸乙酯	77.1	0.900 6	硝基苯	210.8	1.203 7
环己烷	80.7	0.778 6	正丁醇	117.7	0.809 7

数据主要录自 DEAN J A. Lange's Handbook of Chemistry [M]. 13th. New York: Mc Graw-Hill, 1985.

附录 5　常见弱电解质在水溶液中的电离常数(25 ℃)

电解质	电离平衡	K_a 或 K_b/(mol · L^{-1})	pK_a 或 pK_b
甲酸	$HCOOH \rightleftharpoons H^+ + HCOO^-$	1.77×10^{-4}	3.751
醋酸	$CH_3COOH \rightleftharpoons H^+ + CH_3COO^-$	1.75×10^{-5}	4.756

续表

电解质	电离平衡	K_a 或 K_b/(mol · L^{-1})	pK_a 或 pK_b
硼酸	$H_3BO_3+H_2O \rightleftharpoons H^++B(OH)_4^-$	5.75×10^{-10}	9.24
碳酸	$H_2CO_3 \rightleftharpoons H^++HCO_3^-$	4.37×10^{-7}	6.36
	$HCO_3^- \rightleftharpoons H^++CO_3^{2-}$	4.68×10^{-11}	10.33
氢氰酸	$HCN \rightleftharpoons H^++CN^-$	6.17×10^{-10}	9.21
氢硫酸	$H_2S \rightleftharpoons H^++HS^-$	1.07×10^{-7}	6.97
	$HS^- \rightleftharpoons H^++S^{2-}$	1.26×10^{-13}	12.90
草酸	$H_2C_2O_4 \rightleftharpoons H^++HC_2O_4^-$	5.36×10^{-2}	1.271
	$HC_2O_4^- \rightleftharpoons H^++C_2O_4^{2-}$	5.35×10^{-5}	4.272
磷酸	$H_3PO_4 \rightleftharpoons H^++H_2PO_4^-$	7.08×10^{-3}	2.15
	$H_2PO_4^- \rightleftharpoons H^++HPO_4^{2-}$	6.31×10^{-8}	7.20
	$HPO_4^{2-} \rightleftharpoons H^++PO_4^{3-}$	4.17×10^{-13}	12.38
亚硫酸	$H_2SO_3 \rightleftharpoons H^++HSO_3^-$	1.29×10^{-2}	1.89
	$HSO_3^- \rightleftharpoons H^++SO_3^{2-}$	6.17×10^{-8}	7.21
亚硝酸	$HNO_2 \rightleftharpoons H^++NO_2^-$	7.24×10^{-4}	3.14
氢氟酸	$HF \rightleftharpoons H^++F^-$	6.61×10^{-4}	3.18
硅酸	$H_2SiO_3 \rightleftharpoons H^++HSiO_3^-$	1.70×10^{-10}	9.77
	$HSiO_3^- \rightleftharpoons H^++SiO_3^{2-}$	1.58×10^{-12}	11.8
氨水	$NH_3+H_2O \rightleftharpoons NH_4^++OH^-$	1.74×10^{-5}	4.76

数据主要录自 DEAN J A. Lange's Handbook of Chemistry[M]. 13th. New York: Mc Graw-Hill, 1985.

附录6　常见难溶化合物的溶度积(18～25 ℃)

难溶物质		$K_{sp}/(mol \cdot L^{-1})^{(v^{+}+v^{-})*}$	难溶物质		$K_{sp}/(mol \cdot L^{-1})^{(v^{+}+v^{-})*}$
氢氧化铝	$Al(OH)_3$(无定形)	1.3×10^{-33}	氢氧化铁	$Fe(OH)_3$	4×10^{-38}
氯化银	AgCl	1.8×10^{-10}	氢氧化亚铁	$Fe(OH)_2$	8.0×10^{-16}
溴化银	AgBr	5.0×10^{-13}	硫化亚铁	FeS	6.3×10^{-18}
碘化银	AgI	8.3×10^{-17}	硫化汞	HgS(红)	4×10^{-53}
氢氧化银	AgOH	2.0×10^{-8}	碳酸镁	$MgCO_3$	3.5×10^{-8}
铬酸银	Ag_2CrO_4	1.1×10^{-12}	氢氧化镁	$Mg(OH)_2$	1.8×10^{-11}
硫化银	Ag_2S	6.3×10^{-50}	氢氧化锰	$Mn(OH)_2$	1.9×10^{-13}
硫酸钡	$BaSO_4$	1.1×10^{-10}	硫化锰	MnS(无定形)	2.5×10^{-10}
碳酸钡	$BaCO_3$	5.1×10^{-9}	硫酸铅	$PbSO_4$	1.6×10^{-8}
铬酸钡	$BaCrO_4$	1.2×10^{-10}	硫化铅	PbS	8.0×10^{-28}
碳酸钙	$CaCO_3$	2.8×10^{-9}	碘化铅	PbI_2	7.1×10^{-9}
硫酸钙	$CaSO_4$	9.1×10^{-6}	碳酸铅	$PbCO_3$	7.4×10^{-14}
磷酸钙	$Ca_3(PO_4)_2$	2.0×10^{-29}	铬酸铅	$PbCrO_4$	2.8×10^{-13}
硫化镉	CdS	8.0×10^{-27}	氢氧化铅	$Pb(OH)_2$	1.2×10^{-15}
硫化钴	CoS(α)	4.0×10^{-21}	碳酸锶	$SrCO_3$	1.1×10^{-10}
氢氧化铬	$Cr(OH)_3$	6.3×10^{-31}	碳酸锌	$ZnCO_3$	1.4×10^{-11}
碘酸铜	$Cu(IO_3)_2$	7.4×10^{-8}	硫化锌	ZnS(α)	1.6×10^{-24}
氢氧化铜	$Cu(OH)_2$	2.2×10^{-20}	氢氧化锌	$Zn(OH)_2$	1.2×10^{-17}
硫化铜	CuS	6.3×10^{-36}			

* $(v^{+}+v^{-})$为难溶电解质电离反应式中离解离子的化学计量数之和。对于计量反应方程式,物质的化学计量数为:反应物取负系数,生成物取系数。

数据主要录自 DEAN J A. Lange's Handbook of Chemistry[M]. 13th. New York: Mc Graw-Hill, 1985.

附录7 配离子的稳定常数

配离子	$K_{稳}$ /$(mol \cdot L^{-1})^{\Sigma vi}$*	配离子	$K_{稳}$ /$(mol \cdot L^{-1})^{\Sigma vi}$*	配离子	$K_{稳}$ /$(mol \cdot L^{-1})^{\Sigma vi}$*
$[Cd(NH_3)_6]^{2+}$	1.38×10^{5}	$[Ag(CN)_2]^{-}$	1.26×10^{21}	$[Al(OH)_4]^{-}$	1.07×10^{33}
$[Co(NH_3)_6]^{2+}$	1.29×10^{5}	$[Fe(CN)_6]^{4-}$	1×10^{35}	$[Cr(OH)_4]^{-}$	7.94×10^{29}
$[Co(NH_3)_6]^{3+}$	1.58×10^{35}	$[Fe(CN)_6]^{3-}$	1×10^{42}	$[Cu(OH)_4]^{2-}$	3.16×10^{18}
$[Cu(NH_3)_2]^{+}$	7.24×10^{10}	$[Zn(CN)_4]^{2-}$	5.01×10^{16}	$[Zn(OH)_4]^{2-}$	4.57×10^{17}
$[Cu(NH_3)_4]^{2+}$	2.09×10^{13}	$[Al(C_2O_4)_3]^{3-}$	2.0×10^{16}	$[Cu(SCN)_2]^{-}$	1.51×10^{5}
$[Ni(NH_3)_6]^{2+}$	5.50×10^{8}	$[Co(C_2O_4)_3]^{4-}$	5.01×10^{9}	$[Hg(SCN)_4]^{2-}$	1.70×10^{21}
$[Pt(NH_3)_6]^{2+}$	2.0×10^{35}	$[Co(C_2O_4)_3]^{3-}$	1×10^{20}	$[Ag(SCN)_2]^{-}$	3.72×10^{7}
$[Ag(NH_3)_2]^{+}$	1.12×10^{7}	$[Fe(C_2O_4)_3]^{4-}$	1.66×10^{5}	$[Fe(SCN)_2]^{+}$	2.29×10^{3}
$[Zn(NH_3)_4]^{2+}$	2.88×10^{9}	$[Fe(C_2O_4)_3]^{3-}$	1.58×10^{20}	$[Cu(S_2O_3)_2]^{3-}$	6.92×10^{13}
$[HgCl_4]^{2-}$	1.17×10^{15}	$[Ni(C_2O_4)_3]^{4-}$	3.16×10^{8}	$[Ag(S_2O_3)_2]^{3-}$	2.88×10^{13}
$[PtCl_4]^{2-}$	5.01×10^{15}	$[CuI_2]^{-}$	7.08×10^{8}	$[AlY]^{-}$	1.29×10^{16}
$[AgCl_2]^{-}$	1.10×10^{5}	$[PbI_4]^{2-}$	2.95×10^{4}	$[MgY]^{2-}$	1×10^{11}
$[Cd(CN)_4]^{2-}$	6.03×10^{18}	$[HgI_4]^{2-}$	6.76×10^{29}	$[FeY]^{2-}$	2.14×10^{14}
$[Cu(CN)_4]^{2-}$	2.0×10^{30}	$[AgI_2]^{-}$	5.50×10^{11}	$[FeY]^{-}$	1.70×10^{24}
$[Hg(CN)_4]^{2-}$	2.51×10^{41}	$[AlF_6]^{3-}$	6.92×10^{19}	$[MgY]^{2-}$	4.37×10^{8}
$[Ni(CN)_4]^{2-}$	2.0×10^{31}	$[FeF_6]^{3-}$	1.15×10^{12}	$[BaY]^{2-}$	6.03×10^{7}

* Σvi 为配合平衡反应式中各物质化学计量数的和。

数据主要录自 DEAN J A. Lange's Handbook of Chemistry[M]. 13th. New York: Mc Graw-Hill, 1985.

附录8 水溶液中一些电对的标准电极电势(25 ℃)

(标准态压力 p^0 = 100 kPa)

电对(氧化态/还原态)	电极反应(氧化态+$2e^-$ ⇌ 还原态)	E^0/V
Li^+/Li	$Li^+ + e^- \rightleftharpoons Li$	-3.04
K^+/K	$K^+ + e^- \rightleftharpoons K$	-2.93
Ba^{2+}/Ba	$Ba^{2+} + 2e^- \rightleftharpoons Ba$	-2.91

续表

电对(氧化态/还原态)	电极反应(氧化态+$2e^-$ $\rightleftharpoons$还原态)	E^θ/V
Ca^{2+}/Ca	$Ca^{2+}+2e^- \rightleftharpoons Ca$	-2.87
Na^+/Na	$Na^++e^- \rightleftharpoons Na$	-2.71
Mg^{2+}/Mg	$Mg^{2+}+2e^- \rightleftharpoons Mg$	-2.37
H_2O / $H_2(g)$	$2H_2O+2e^- \rightleftharpoons H_2(g)+2OH^-$	-0.828
Zn^{2+}/Zn	$Zn^{2+}+2e^- \rightleftharpoons Zn$	-0.763
Cr^{3+}/Cr	$Cr^{3+}+3e^- \rightleftharpoons Cr$	-0.74
SO_3^{2-}/S	$SO_3^{2-}+3H_2O+4e^- \rightleftharpoons S+6OH^-$	-0.66
$CO_2/H_2C_2O_4$	$2CO_2+2H^++2e^- \rightleftharpoons H_2C_2O_4$	-0.49
Fe^{2+}/Fe	$Fe^{2+}+2e^- \rightleftharpoons Fe$	-0.440
Cd^{2+}/Cd	$Cd^{2+}+2e^- \rightleftharpoons Cd$	-0.403
Cu_2O/Cu	$Cu_2O+2H^++2e^- \rightleftharpoons 2Cu+H_2O$	-0.36
Co^{2+}/Co	$Co^{2+}+2e^- \rightleftharpoons Co$	-0.277
Ni^{2+}/Ni	$Ni^{2+}+2e^- \rightleftharpoons Ni$	-0.246
Sn^{2+}/Sn	$Sn^{2+}+2e^- \rightleftharpoons Sn$	-0.136
Pb^{2+}/Pb	$pb^{2+}+2e^- \rightleftharpoons Ph$	-0.126
$H^+/H_2(g)$	$2H^++2e^- \rightleftharpoons H_2(g)$	0.000 0
$S_4O_6{}^{2-}/S_2O_3^{2-}$	$S_4O_6{}^{2-}+2e^- \rightleftharpoons 2S_2O_3^{2-}$	+0.08
$S/H_2S(g)$	$S+2H^++2e^- \rightleftharpoons H_2S(g)$	+0.141
Sn^{4+}/Sn^{2+}	$Sn^{2+}+2e^- \rightleftharpoons Sn$	+0.154
Cu^{2+}/Cu^+	$Cu^{2+}+2e^- \rightleftharpoons Cu^+$	+0.17
SO_4^{2-}/H_2SO_3	$SO_4{}^{2-}+4H^++2e^- \rightleftharpoons H_2SO_3+H_2O$	+0.17
$AgCl/Ag$	$AgCl(s)+e^- \rightleftharpoons Ag+Cl^-$	+0.222 3
Cu^{2+}/Cu	$Cu^{2+}+2e^- \rightleftharpoons Cu$	+0.337
$O_2(g)/OH^-$	$\frac{1}{2}O_2(g)+H_2O+2e^- \rightleftharpoons 2OH^-$	+0.41
$MnO_4^{2-}/MnO_2(s)$	$MnO_4^{2-}+2H_2O+2e^- \rightleftharpoons MnO_2(s)+4OH^-$	+0.5
Cu^+/Cu	$Cu^++e^- \rightleftharpoons Cu$	+0.52
$I_2(s)/I^-$	$I_2(s)+2e^- \rightleftharpoons 2I^-$	+0.535
H_3AsO_4/H_3AsO_3	$H_3AsO_4+2H^++2e^- \rightleftharpoons H_3AsO_3+H_2O$	+0.581
$O_2(g)/H_2O_2$	$O_2(g)+2H^++2e^- \rightleftharpoons H_2O_2$	+0.682

续表

电对(氧化态/还原态)	电极反应(氧化态+2e$^-$ ⇌ 还原态)	E^{θ}/V
Fe^{3+}/Fe^{2+}	$Fe^{3+}+e^- \rightleftharpoons Fe^{2+}$	+0.771
Hg_2^{2+}/Hg	$Hg_2^{2+}+2e^- \rightleftharpoons 2Hg$	+0.792
Ag^+/Ag	$Ag^++e^- \rightleftharpoons Ag$	+0.799 9
Hg^{2+}/Hg	$Hg^{2+}+2e^- \rightleftharpoons Hg$	+0.854
NO_3^-/NO (g)	$NO_3^-+4H^++3e^- \rightleftharpoons NO(g)+2H_2O$	+0.96
HNO_2/NO (g)	$HNO_2+H^++e^- \rightleftharpoons NO(g)+H_2O$	+1.00
$Br_2(l)/Br^-$	$Br_2(l)+2e^- \rightleftharpoons 2Br^-$	+1.065
IO_3^-/I_2	$2IO_3^-+12H^++10e^- \rightleftharpoons I_2+6H_2O$	+1.20
$O_2(g)/H_2O$	$O_2(g)+4H^++4e^- \rightleftharpoons 2H_2O$	+1.229
MnO_2/Mn^{2+}	$MnO_2+4H^++2e^- \rightleftharpoons Mn^{2+}+2H_2O$	+1.23
$Cr_2O_7^{2-}/Cr^{3+}$	$Cr_2O_7^{2-}+14H^++6e^- \rightleftharpoons 2Cr^{3+}+7H_2O$	+1.33
$Cl_2(g)/Cl^-$	$Cl_2(g)+2e^- \rightleftharpoons 2Cl^-$	+1.39
$PbO_2(s)/Pb^{2+}$	$PbO_2(s)+4H^++2e^- \rightleftharpoons Pb^{2+}+2H_2O$	+1.455
$ClO_3^-/Cl_2(g)$	$2ClO_3^-+12H^++10e^- \rightleftharpoons Cl_2(g)+6H_2O$	+1.47
MnO_4^-/Mn^{2+}	$MnO_4^-+8H^++5e^- \rightleftharpoons Mn^{2+}+4H_2O$	+1.51
$HOCl/Cl_2(g)$	$2HOCl+2H^++2e^- \rightleftharpoons Cl_2(g)+2H_2O$	+1.63
H_2O_2/H_2O	$H_2O_2+2H^++2e^- \rightleftharpoons 2H_2O$	+1.77
$Co^{3+}/Co^{2+}(H_2SO_4)$	$Co^{3+}+e^- \rightleftharpoons Co^{2+}$	+1.8
$S_2O_8^{2-}/SO_4^{2-}$	$S_2O_8^{2-}+2e^- \rightleftharpoons 2SO_4^{2-}$	+2.01
$F_2(g)/F^-$	$F_2(g)+2e^- \rightleftharpoons 2F^-$	+2.87
$F_2(g)/F^-$	$F_2(g)+2H^++2e^- \rightleftharpoons 2HF$	+3.06

数据主要录自 DEAN J A. Lange's Handbook of Chemistry[M]. 13th. New York: Mc Graw-Hill, 1985.

附录9　常用试剂的处理和配制

试剂名称	配制方法
饱和氯水	水中通入氯气至饱和
饱和溴水	溶解 15 g 溴化钾于 100 cm^3 蒸馏水中，加入 10 g 溴，振荡使溶解
碘-碘化钾溶液	2 g 碘+5 g 碘化钾溶于 100 cm^3 水中
铬酸酐-硫酸试剂	溶解 12. 4 g 三氧化铬于 6 cm^3 浓硫酸中，小心用蒸馏水稀释至 100 cm^3
品红试剂 (Schiff 试剂)	在 100 cm^3 热水里溶解 0. 2 g 品红盐酸盐(也称为碱性品红或盐基品红)，放置冷却后，加入 2 g 亚硫酸氢钠和 2 cm^3 浓盐酸，再用蒸馏水稀释到 200 cm^3
六氰合铁酸钾试液 $K_3[Fe(CN)_6]$	溶解 0.7 ~1 g 六氰合铁酸钾于适量水中，稀释至 100 cm^3，(使用前临时配制)
镁试剂(偶氮紫)	溶解 0.01 g 偶氮紫于 1 L 1 mol/L 的 NaOH 溶液中
碘化铋钾试剂	①次硝酸铋 8 g 溶于 17 $cm^3$30% 硝酸中，搅拌下慢慢滴加到含有碘化钾 27.2 g 的 20 cm^3 蒸馏水溶液中，静置过夜，取上层清液加水稀释至 100 cm^3； ②将 2 g 碘化铋钾试剂溶于 20 cm^3 冰乙酸中，溶解后加 50 cm^3 水稀释即可。用于生物碱显色剂时，取碘化铋钾试液 1cm^3，加冰醋酸 2 cm^3，稀释至 10 cm^3 即可
Tollens 试剂(托伦试剂)	加 20 cm^3 5% 硝酸银溶液于干净试管内，加入 1 滴 10% 氢氧化钠溶液，然后滴加 2% 氨水，摇动试管，直至沉淀刚好溶解。 配制 Tollens 试剂时应防止加入过量的氨水。否则，将生成雷酸银(Ag-O-NC)，受热后将引起爆炸，试剂本身还将失去灵敏性。 Tollens 试剂久置后将析出黑色的氮化银(Ag_3N)沉淀，它受震动时分解，发生猛烈爆炸，有时潮湿的氮化银也能引起爆炸。因此，Tollens 试剂必须现用现配
莫利西(Molisch)试剂	α-萘酚 10 g 溶于 95% 乙醇内，再用 95% 乙醇稀释至 100 cm^3
2,4-二硝基苯肼试剂	2,4-二硝基苯肼 3 g，溶于 15 cm^3 浓硫酸中，将此酸性溶液慢慢加入 70 cm^3 95% 乙醇中，再加蒸馏水稀释到 100 cm^3，过滤。取滤液保存于棕色试剂瓶中
淀粉溶液(0.5%)	0.5 g 淀粉加少量冷水调成糊状，倒入 100 cm^3 沸水中，煮沸后冷却即可

续表

试剂名称	配制方法
Fehling 试剂（费林试剂）	费林试剂 A：溶解 3.5 g 硫酸铜晶体（$CuSO_4 \cdot 5H_2O$）于 100 cm^3 水中，混浊时过滤。 费林试剂 B：溶解酒石酸钾钠晶体 17 g 于 15～20 cm^3 热水中，加入 20 cm^3 20% 的 NaOH，稀释至 100 cm^3。 以上溶液要分别贮藏，使用时取等量试剂 A 及试剂 B 混合。氢氧化铜是沉淀，不易与样品作用，有酒石酸钾钠存在时，氢氧化铜沉淀溶解形成深蓝色的溶液
Benedict 试剂	溶解 20 g 柠檬酸钠和 11.5 g 无水碳酸钠于 100 cm^3 热水中。在不断搅拌下把含 2 g 硫酸铜结晶的 20 cm^3 水溶液慢慢地加到此柠檬酸钠和碳酸钠溶液中。此混合液应十分清澈，否则，需过滤。试剂贮存于试剂瓶中，用胶塞塞紧。Benedict 试剂在放置时不易变质，也不必如 Fehling 试剂那样配成 A、B 液，分别保存，比 Fehling 试剂使用更方便
Na_2S	溶解 240 g $Na_2S \cdot 9H_2O$ 和 40 g NaOH 于水中，稀释至 1 L
1% 淀粉溶液	将 1 g 淀粉和少量冷水调成糊状，溶于 100 cm^3 蒸馏水中，煮沸后冷却
饱和亚硫酸氢钠溶液	在 40% 的 100 cm^3 亚硫酸氢钠溶液中，加入 25 cm^3 不含醛的无水乙醇。混合后，如有少量的亚硫酸钠析出，必须滤去或倾泻上层清液。此溶液不稳定，一般在实验前随配随用
0.1% 茚三酮-乙醇溶液	将 0.1 g 茚三酮溶于 100 cm^3 乙醇中，用时现配。此溶液应在两天内用完，放置过久，易变质
蛋白质溶液	取蛋清 25 cm^3，加入蒸馏水 100～150 cm^3，搅拌，混匀后，用 3～4 层纱布或丝绸过滤，滤去析出的球蛋白即得到清亮的蛋白质溶液
铬酸酐-硫酸试剂	取 25 g 铬酸酐（CrO_3）加入 25 cm^3 浓硫酸中，搅拌直至形成均匀的浆状液，然后用 7 cm^3 蒸馏水小心稀释浆状液，搅拌，直至形成清亮的橙色溶液即可
铬酸洗液	称取 20 g 研细的工业用 $K_2Cr_2O_7$，放入 500 cm^3 烧杯中，加少量水，加热使之溶解，待其溶解后冷却，再慢慢加入 300 cm^3 浓硫酸（工业品），并不时搅动，得暗红色洗液，冷后注入干燥的试剂瓶中盖严备用。多次使用后，效力减弱时，加入少量高锰酸钾粉末即可再生
0.5 mol/L 三氯化铁	将 135.2 g $FeCl_3 \cdot 6H_2O$ 溶于 100 cm^3 6 mol/L HCl 溶液中，加水稀释至 1 000 cm^3
0.25 mol/L 硫酸亚铁	将 69.5 g $FeSO_4 \cdot 7H_2O$ 溶于适量水中，加入 5 cm^3 浓硫酸，加水稀释至 1 000 cm^3，并加入小铁钉数枚

参考文献

[1] 高濂,郑珊,张青红. 纳米氧化钛光催化材料及应用[M]. 北京:化学工业出版社,2002.

[2] 郭文华,张军剑,李钢. 溶胶-凝胶法及其制备纳米 TiO_2 粉体的原理和研究进展[J]. 中国陶瓷工业,2006,13(5):26-28.

[3] 牛玉环,李发堂,袁海涛,等. 溶胶-凝胶法合成纳米 TiO_2 薄膜的研究进展[J]. 材料导报,2006,20(Z1):65-67,70.

[4] 朱永法. 纳米材料的表征与测试技术[M]. 北京:化学工业出版社,2006.

[5] 强亮生,王慎敏. 精细化工综合实验[M]. 7 版. 哈尔滨:哈尔滨工业大学出版社,2015.

[6] 曾华梁,吴仲达,陈钧武,等. 电镀工艺手册[M]. 2 版. 北京:机械工业出版社,2004.